园/林/植/物/图/鉴/系/列

城市园林美花
350种图鉴

刘兴剑　孙起梦　任全进　编

化学工业出版社

·北京·

《城市园林美花350种图鉴》根据最新流行栽植的园林常见草本植物编写整理而成，全书收录常见城市园林花卉共计350种，分别介绍了相关植物的学名、科属、简要的形态识别特征、基本习性、园林应用和适宜栽植地区。每种植物配有相关彩图，以示鉴别。

　　《城市园林美花350种图鉴》可作为园林、园艺、林学、植保等专业工作者的参考用书，也可作为花卉、园艺爱好者的参考用书。

图书在版编目（CIP）数据

　　城市园林美花350种图鉴/刘兴剑，孙起梦，任全进编. —北京：化学工业出版社，2020.1
　　（园林植物图鉴系列）
　　ISBN 978-7-122-35466-2

　　Ⅰ.①城…　Ⅱ.①刘…②孙…③任…　Ⅲ.①园林植物-图集Ⅳ.①S68-64

　　中国版本图书馆CIP数据核字（2019）第246602号

责任编辑：尤彩霞　　　　　　　　　装帧设计：关　飞
责任校对：王　静

出版发行：化学工业出版社（北京市东城区青年湖南街13号
　　　　　邮政编码100011）
印　　装：北京缤索印刷有限公司
889mm×1194mm　1/32　印张 11³/₄　字数　393　千字
2020年6月北京第1版第1次印刷

购书咨询：010-64518888　　售后服务：010-64518899
网　　址：http://www.cip.com.cn
凡购买本书，如有缺损质量问题，本社销售中心负责调换。

定　　价：78.00元　　　　　　　　版权所有　违者必究

前　言

当前社会经济发展较快，居民生活水平逐渐提高，对绿化、美化的要求也日益提高，对园林观赏植物多样化的需求也随之提高。人们在欣赏园林硬质景观的同时，对园林植物的多彩化和植物种类的多样化提出了更高的要求，希望在园林中能见到更多不同种类的植物，并在欣赏植物的同时，对其进行准确的识别。

采取何种方式将园林绿化植物知识传播给人民群众，提高人民群众的个人素质，提高人民群众的植物保护意识，将是我们这一代植物工作者的历史责任。普通市民和学生缺乏较为系统的植物相关知识的学习，对一些专业性书籍内容理解不透，或者多数专业性植物类书籍不够直观或者不够便携，使得普通市民和学生对城市园林应用相对较普遍的园林植物知识认识不足，因此，编者认为迫切需要一本常见的、以观花为主的园林植物识别方面的图谱类书籍来对其进行启蒙和引导。

《城市园林美花 350 种图鉴》收集了 350 种常见园林绿化植物，从学名、科属分类、简要形态特征、基本生态习性、园林应用、适用地区等方面进行了简单的介绍，并在同一页面配以 2~6 张反映花、果或者叶片等主要识别特征的照片，使读者对这一植物有比较全面的了解和认识。

相信看到这本书的人，都能在书内找到自己见过或者熟悉的植物，从而引起共鸣。这本《城市园林美花 350 种图鉴》，可与各省地方植物志、《中国植物志》和《中国高等植物》等配合使用，满足市民、学生、植物爱好者和园林工作者等不同层次的需求。本书可作为园林设计、施工、监理、养护和甲方管理人员、植物爱好者的实用工具书，亦可作为园林植物、规划设计和观赏园艺等专业学生的参考用书。

我国亚热带地区一般可分为南亚热带地区、中亚热带地区、北亚热带地区。本书中涉及的亚热带、热带地区分布简要介绍如下。

1. 北亚热带

北亚热带地区主要有长江中下游地区、汉江上游地区。

代表城市：南京、苏州、扬州、合肥、芜湖、武汉、上海、杭州、宁波、嘉兴。

2. 南亚热带

南亚热带地区主要有台湾台北地区、闽粤丘陵地区、滇南山原地区。

代表城市：泉州、厦门、福州、汕头、广州、深圳、中山、珠海、南宁、梧州。

3. 中亚热带

中亚热带地区主要有江南丘陵地区、贵州高原地区、四川盆地地区、喜马拉雅山南翼地区。

代表城市：长沙、南昌、温州及四川盆地各城市等。

4. 热带地区

我国热带地区主要有：云南西双版纳、广东雷州半岛南部、台湾南部、整个海南岛。

代表城市：三亚、海口等。

鉴于时间仓促，编者水平有限，书中疏漏之处在所难免，敬请读者批评指正。

编者

2020 年 3 月

于江苏省中国科学院植物研究所（南京中山植物园）

本书图例：

树形：

圆锥形   圆柱形   长卵圆形

圆球形   垂枝形   匍匐形

叶片着生
方式：

叶片对生   叶片互生   叶片轮生

分枝类型：

假二叉分枝   单轴分枝

单叶叶形：

披针形   长卵形   阔卵形   倒卵形

复叶叶形：

三出复叶　　　　掌状复叶　　　　奇数羽状复叶　　　　偶数羽状复叶

花序类型：

  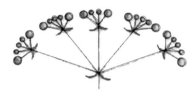

伞形花序　　　　伞房花序　　　　　复伞房花序

总状花序　　　　圆锥花序　　　　　葇荑花序

目　录

1.凤尾蕨科

（1）日本凤尾蕨

学名：*Pteris nipponica*。凤尾蕨科凤尾蕨属。

简要形态特征：植株高50～70cm。叶簇生；叶柄长30～45cm（不育叶的柄较短），基部粗约2mm，黄绿色，有时带棕色，偶为栗色；叶片卵圆形，长25～30cm，宽15～20cm，一回羽状。主脉下面隆起，黄绿色，光滑；侧脉两面均明显，稀疏，斜展，单一或从基部分叉。常见栽培的多为人工选育的、具黄白色条状斑纹的品种。

基本习性：喜温暖湿润气候，耐阴，不耐寒。

园林应用：观叶。叶片宽大，常具黄白色斑纹，观赏性较强；可作地被栽培，亦可丛植于阴湿林下、岩石园和阴生园等处。

适用地区：我国中亚热带以南地区可露地栽培，北方地区可盆栽或温室越冬栽培。

（2）剑叶凤尾蕨'丝带'（白羽凤尾蕨）

学名：Pteris ensiformis 'Victoriae'。凤尾蕨科凤尾蕨属。

简要形态特征：植株高30～50cm。根状茎细长，斜升或横卧，粗4～5mm。叶密生，二型；柄长10～30cm，叶轴黄绿色，稍光泽，光滑；叶片长圆状卵形，长10～25cm(不育叶远比能育叶短)，宽5～15cm羽状，羽片3～6对，对生；能育叶的羽片疏离（下部的相距5～7cm），通常为2～3叉，中央的分叉最长，顶生羽片基部不下延；叶片具白色斑纹。

基本习性：喜温暖湿润气候，不耐寒。

园林应用：观叶。常作地被栽培，亦可应用于林缘、疏林下片植或丛植，也可阴湿路边带状种植。家庭盆栽也较多。

适用地区：我国南亚热带以南地区可露地栽培，其他地区可以温室栽培或者盆栽观赏。

2．水龙骨科

（3）槲蕨

学名：*Drynaria roosii*。水龙骨科槲蕨属。

简要形态特征：通常附生岩石上和树干上，匍匐生长，或螺旋状攀援。根状茎直径1～2cm，密被鳞片。叶二型，基生不育叶圆形。正常能育叶叶柄长4～10cm，有明显狭翅；叶片长20～45cm，宽10～15（～20）cm；叶脉两面均明显。孢子囊群圆形、椭圆形，叶片下面全部分布，沿裂片中肋两侧各排列成2～4行，成熟时相邻2侧脉间有圆形孢子囊群1行。

基本习性：喜湿润气候，不耐寒，中生植物。

园林应用：观叶。园林中多用于阴湿的石壁和湿度较大处树干的绿化美化之用，展现热带丛林附生植物之美；亦有用于盆栽观赏的。

适用地区：我国中亚热带以南可露地生长，北亚热带地区冬季会有冻害，生长受限。

（4）江南星蕨

学名：*Microsorum fortunei*。水龙骨科盾蕨属。

简要形态特征：附生蕨类，植株高30～100cm。根状茎长而横走。叶远生，相距1.5cm；叶柄长5～20cm；叶片线状披针形至披针形，长25～60cm，宽1.5～7cm，顶端长渐尖，基部渐狭，下延于叶柄并形成狭翅，全缘。孢子囊群大，圆形，沿中脉两侧排列成较整齐的一行，或有时为不规则的两行，靠近中脉。

基本习性：喜阴湿环境，不耐寒。

园林应用：观叶。通常附生种植在树上、石头上，亦可丛植和片植于岩石园和蕨类园，形成独特的附生植物景观。

适用地区：我国长江流域以南均可应用，长江流域以北地区可栽培于温室。

（5）扇蕨

学名：*Neocheiropteris palmatopedata*。水龙骨科扇蕨属。

简要形态特征：土生蕨类，植株高50～70cm。根状茎粗壮横走，密被鳞片。叶远生；叶柄长30～45cm；叶片扇形，长25～30cm，宽相等或略超过，鸟足状掌形分裂，中央裂片披针形，长17～20cm，宽2.5～3cm，两侧的裂片向外渐短，全缘。叶脉网状，网眼密，有内藏小脉。孢子囊群聚生于裂片下部，紧靠主脉，呈圆形或椭圆形。

基本习性：喜温暖湿润环境。

园林应用：叶片奇特，观赏性强。可用于林下、林缘处作为地被植物应用，亦可在花境中应用；片植、孤植均可。

适用地区：我国华南和西南部分地区可露地栽培，其他地区需要冬季保护栽培。

（6）庐山石韦

学名：*Pyrrosia sheareri*。水龙骨科石韦属。

简要形态特征：植株高 20～40cm。根状茎粗壮，横卧，密被线状棕色鳞片。叶近生，一型；叶柄粗壮；叶片椭圆状披针形，近基部处最宽，向上渐狭，顶端钝圆，基部近圆截形或心形，长 10～30cm 或更长，宽 2.5～6cm，全缘。孢子囊群呈不规则的点状排列于侧脉间，布满基部以上的叶片下面。

基本习性：喜阴湿环境，略耐寒。

园林应用：观叶。叶片宽大、革质、厚重，略呈灰绿色。在园林中，可栽培布置于潮湿的石壁、倒伏的树木等处，展现充满原始气息的蕨类之美。

适用地区：我国亚热带以南地区均可在园林中应用。

（7）肾蕨

学名：*Nephrolepis auriculata*。骨碎补科肾蕨属。

简要形态特征：附生或土生蕨类。根状茎直立；叶簇生，柄长6～11cm，粗2～3mm；叶片线状披针形或狭披针形，长30～70cm，宽3～5cm；一回羽状，羽状多数。叶坚草质或草质。

基本习性：略耐阴，喜湿，喜温暖湿润气候。

园林应用：观叶。在园林中可作耐阴地被植物布置在墙角、路边、假山和水池边，作为盆栽可点缀书桌、茶几和阳台，亦可用吊盆悬挂于客厅和书房。

适用地区：我国中亚热带以南露地栽培，北方地区盆栽越冬。

4.铁线蕨科

（8）铁线蕨

学名：*Adiantum capillus-veneris*。铁线蕨科铁线蕨属。

简要形态特征：多年生小型常绿蕨类。根状茎横走。叶干后薄草质；叶柄栗黑色；叶片卵状三角形，中部以下二回羽状，小羽片斜扇形或斜方形，外缘浅裂至深裂，裂片狭，不育裂片顶端钝圆并有细锯齿。叶脉扇状分叉。孢子囊群生于由变质裂片顶部反折的囊群盖下面；囊群盖呈圆肾形至矩圆形，全缘。

基本习性：喜阴湿，喜温暖，不耐寒。

园林应用：观叶。叶片青翠欲滴、叶形飘逸。亚热带以南地区，可在阴湿的树林下、潮湿的岩壁、石头边种植，适应性强，栽培容易；在精品花境和岩石园内应用较多。也可在室内常年盆栽观赏。铁线蕨叶片还是优秀的切叶材料。

适用地区：我国长江以南地区可露地栽培，长江以北地区盆栽观赏。夏热地区均可在花境中应用。

5.卷柏科

（9）黑顶卷柏

学名：*Selaginella picta*。卷柏科卷柏属。

简要形态特征：土生蕨类，直立或近直立，基部横卧，高35～55（～85）cm，无匍匐根状茎或游走茎。主茎自近基部开始呈羽状分枝，不呈"之"字形，无关节，绿色或黄绿色；侧枝4～6对，1回羽状分枝，小枝较密，排列规则。叶（主茎上的除外）交互排列，二型，草质，表面光滑，具虹彩或无虹彩。孢子叶穗紧密。

基本习性：喜温暖湿润气候，不耐寒。

园林应用：观叶。本种叶片多具红褐色、绿白色等多种色彩斑纹，有别于其他卷柏属植物，植株直立，叶片排列规则、紧密，观赏价值高。多用于湿度较大的药草园、岩石园和精品花境中，以丛植和片植为佳，亦可盆栽观赏。

适用地区：我国南亚热带地区可以在园林中露地种植，其他地区可盆栽。

（10）翠云草

学名：*Selaginella uncinata*。卷柏科卷柏属。

简要形态特征：土生小型蕨类，主茎先直立而后攀援状，长50～100cm或更长。主茎自近基部羽状分枝，不呈"之"字形，无关节，黄绿色。叶全部交互排列，二型，草质，表面光滑，具虹彩，边缘全缘，明显具白边。孢子叶穗紧密，四棱柱形，单生于小枝末端；孢子叶一型，卵状三角形，边缘全缘，具白边。

基本习性：喜阴湿环境，不耐寒。

园林应用：观叶。细软主茎伏地蔓生，叶色在阴处呈蓝绿色，发出荧光般蓝宝石色，色彩美轮美奂；羽叶细密，茎枝具匍匐性，姿态秀丽，是我国南方地区非常理想的地被植物材料。亦可用于岩石园、蕨类园等处，片植最佳。亦可盆栽作为吊盆观赏，展现其柔软悬垂的美感。

适用地区：我国中亚热带以南地区可露地栽培，北方宜盆栽观赏。

（11）卷柏

学名：*Selaginella tamariscina*。卷柏科卷柏属。

简要形态特征：土生或石生蕨类，耐干旱，遇水复苏植物，呈垫状。根托只生于茎的基部，根多分叉，密被毛，和茎及分枝密集形成树状主干，有时高达数十厘米。主茎自中部开始羽状分枝或不等二叉分枝。叶全部交互排列，二型，叶质厚，表面光滑。孢子叶穗紧密，四棱柱形，单生于小枝末端。

基本习性：耐寒、耐旱、耐瘠薄，喜光。

园林应用：观叶、观姿态。本种植株低矮，耐旱力极强，在长期干旱后只要根系在水中浸泡后就又可舒展，是一种非常好的科普植物。主要应用于岩石园，亦可作为盆栽造型观赏。

适用地区：我国除西北地区外，全国大部分地区均可栽培。

（12）深绿卷柏

学名：*Selaginella doederleinii*。卷柏科卷柏属。

简要形态特征：土生蕨类，近直立，基部横卧，高25～45cm，无匍匐根状茎或游走茎。主茎自下部开始羽状分枝，不呈"之"字形，无关节，黄绿色。叶全部交互排列，二型，纸质，表面光滑，无虹彩，边缘不为全缘，不具白边。侧叶不对称，主茎上的侧叶较侧枝上的侧叶大，分枝上的侧叶长圆状镰形，略斜升，排列紧密或相互覆盖。孢子叶穗紧密，四棱柱形，单个或成对生于小枝末端；孢子叶一型，卵状三角形，边缘有细齿，白边不明显，先端渐尖，龙骨状。

基本习性：喜温暖湿润环境，耐阴，不耐寒。

园林应用：观叶。叶片排列紧密，姿态优美，叶色浓绿有光泽。可片植或丛植于林下或者岩石边。

适用地区：我国中亚热带以南地区可露地栽培，其他地区可盆栽观赏。

6.双扇蕨科

（13）全缘燕尾蕨

学名：*Cheiropleuria integrifolia*。双扇蕨科燕尾蕨属。

简要形态特征：植株高30～40cm。根状茎粗壮，横走，木质，粗约1cm，密被锈棕色有节的绢丝状长毛。叶近生，二型；不育叶柄长20～30cm，纤细，叶片卵圆形，厚革质，长10～15cm，宽5～8cm，顶端通常二深裂；主脉3～4条，自基部呈掌状向顶部放射状伸展，小脉联结成网，有单一或分叉的内藏小脉；能育叶柄长可达40cm，叶片披针形。

园林应用：叶片宽大，叶型奇特，在园林中可孤植、片植于岩石园、阴生园和药草园中。

适用地区：我国南亚热带地区可露天栽培，其他地区可盆栽观赏。

华国军 摄

7.三白草科

（14）三白草

学名：*Saururus chinensis*。三白草科三白草属。

简要形态特征：湿生草本，高约1米余；茎粗壮。叶纸质，阔卵形至卵状披针形，长10～20cm，宽5～10cm，顶端短尖或渐尖，基部心形或斜心形，茎顶端的2～3片于花期常为白色，呈花瓣状；叶脉5～7条，均自基部发出。花序白色，长12～20cm。果近球形，直径约3mm，表面多疣状凸起。花期4～6月份。

基本习性：喜湿，喜光，耐寒。

园林应用：观叶。花期时顶端叶片呈白色，如花朵般夺目；园林中多用于水景布置，亦可作为湿地地被应用。

适用地区：我国华北以南地区园林中可露地应用。

（15）花叶蕺菜

学名：*Houttuynia cordata* 'Chameleon'。三白草科蕺菜属。

简要形态特征：草本，有鱼腥味道，高30～60cm；茎下部伏地，节上轮生小根，上部直立，有时带紫红色。叶具花斑，呈现出红色、绿色、褐色、黄色等多种颜色。花序长约2cm。花期4～7月份。

基本习性：喜湿，耐阴，略耐寒。

园林应用：观花。多用于潮湿地块的绿化，作为地被植物来进行栽培，通常在水边、潮湿的路边和阴湿花境处来进行应用。

适用地区：我国亚热带以南地区均可在园林中应用。

8.金粟兰科

（16）丝穗金粟兰

学名：*Chloranthus fortunei*。金粟兰科金粟兰属。

简要形态特征：多年生草本，高15～40cm，全部无毛；根状茎粗短，密生多数细长须根；茎直立，单生或数个丛生。叶对生，通常4片生于茎上部，纸质，宽椭圆形、长椭圆形或倒卵形，长5～11cm，宽3～7cm，边缘有圆锯齿或粗锯齿。穗状花序单一，由茎顶抽出，连总花梗长4～6cm；花白色，有香气；雄蕊3枚。核果球形，淡黄绿色，有纵条纹。花期4～5月份，果期5～6月份。

基本习性：喜温暖湿润环境，耐阴，略耐寒。

园林应用：观花、观叶。枝叶青翠，花序洁白素雅，幽香似兰。可作为地被植物片植于林下、河边较潮湿处，也宜配置于岩石园和药草园，亦可应用于花境。

适用地区：我国山东以南地区均可露地栽培。

（17）及已

学名：*Chloranthus serratus*。金粟兰科金粟兰属。

简要形态特征：多年生草本，高15～50cm；根状茎横生，粗短，生多数土黄色须根；茎直立，单生或数个丛生，具明显的节，无毛。叶对生，4～6片生于茎上部，纸质，椭圆形、倒卵形或卵状披针形，长7～15cm，宽3～6cm，顶端渐窄成长尖，基部楔形，边缘具锐而密的锯齿。穗状花序顶生；花白色；雄蕊3枚。核果近球形或梨形，绿色。花期4～5月份，果期6～8月份。

基本习性：喜湿润荫蔽环境，略耐寒。

园林应用：观花。叶片碧绿，集生枝顶，造型奇特，主要应用于光照条件略好的潮湿地块片植，亦可三五丛植；在药草园应用较多。

适用地区：我国长江以南地区均可栽培应用。

9.荨麻科

（18）镜面草

学名：*Pilea peperomioides*。荨麻科冷水花属。

简要形态特征：多年生丛生小草本，高10cm左右；无毛。茎节密集，叶聚生茎顶。叶肉质，近圆形或圆卵形，长2.5～9cm，盾状着生，先端钝或圆，基部圆或微缺，全缘或浅波状；叶柄长2～17cm。雌雄异株；花序单生于顶端叶腋，聚伞圆锥状，长10～28cm，花序梗粗，长5～14cm。雄花具梗，带紫红色。雌花花被片3。花期4～7月份，果期7～9月份。

基本习性：喜温暖湿润环境，不耐寒。

园林应用：观叶。叶形如圆盘、似镜面，姿态美观，甚是奇特。华南部分地区栽培于岩石园和花境中，特别适合于温室、庭院和室内栽培，是一种非常优秀的观叶植物。

适用地区：我国云南及华南以外其他地区多温室盆栽，也可家庭盆栽。

（19）吐烟花

学名：*Pellionia repens*。荨麻科赤车属。

简要形态特征：多年生草本。茎肉质，平卧，长20～60cm，在节处生根，常分枝。叶具短柄；叶片斜长椭圆形或斜倒卵形，长1.8～7cm，宽1.2～3.7cm，顶端钝、微尖或圆形，边缘有波状浅钝齿或近全缘，上面无毛，下面沿脉有短毛，半离基三出脉。花序雌雄同株或异株。雄花序有长梗，花序梗长2～11cm。花期5～10月份。

基本习性：喜温暖湿润气候，耐阴，略喜光。

园林应用：观叶、观花。叶片小巧而又密集，略喜阴湿。常于精品园林或花境中作为地被覆盖之用。亦可用于盆栽观赏。

适用地区：我国南亚热带和热带地区可露地栽培，其余地区需盆栽越冬。

（20）花叶吐烟花

学名：*Pellionia pulchra*。荨麻科赤车属。

简要形态特征：茎肉质，紫红色，光滑，匍匐状，肉质的退化叶比较细小，无叶柄，正常叶比较大，叶面夹杂着深绿色、淡紫色、红色或苍白色，色彩鲜艳。其他特征同吐烟花。

基本习性：喜潮湿气候，喜温，不耐寒。

园林应用：观叶。叶色五彩斑斓、叶片小巧精致。每至种子成熟期，因其种子细小，种子量大，受到震动时，完全成熟的，细小的种子会从果序中崩出来，就像一缕缕青烟从花朵中冒出来，吞云吐雾一般。园林应用同吐烟花。

适用地区：我国南亚热带和热带地区可露地栽培，其余地区需盆栽越冬。

（21）庐山楼梯草

学名：*Elatostema stewardii*。荨麻科楼梯草属。

简要形态特征：常绿草本。茎高24～40cm，常具球形或卵球形珠芽。叶具短柄；叶片草质或薄纸质，斜椭圆状倒卵形、斜椭圆形或斜长圆形，长7～12.5cm，宽2.8～4.5cm，顶端骤尖，叶脉羽状，侧脉在狭侧4～6条，在宽侧5～7条。花序雌雄异株，单生于叶腋。雄花序具短梗。雌花序无梗。花期7～9月份。

基本习性：喜阴湿，不耐寒。

园林应用：观叶。常绿，耐阴湿。可布置岩石园、溪边、岸边、池塘边等阴湿处，也可片植于林下、建筑物阴面，是极好的耐阴湿观叶地被植物。

适用地区：我国亚热带以南地区可以露地栽培。

10.蒜香草科

（22）蕾芬

学名：*Rivina humilis*。蒜香草科数珠珊瑚属。

简要形态特征：草质半灌木，高30～100cm。茎直立，枝开展。叶稍稀疏，互生，叶片卵形，长4～12cm，宽1.5～4cm，顶端长渐尖，基部急狭或圆形，边缘有微锯齿。总状花序直立或弯曲，腋生，稀顶生，连花序梗长4～10cm；花被片白色或粉红色，长2～2.5mm；果实红色或橙色，花果期5～12月份。

基本习性：喜光、喜湿润，不耐寒。

园林应用：观花、观果。喜光植物，多应用于花境、花坛和路边，以丛植为主。欣赏其如串串红色珊瑚珠的果实。

适用地区：我国亚热带以南地区可以露地栽培，北方地区冬季会枯萎，需要保护栽培。

11.蓼科

（23）千叶兰

学名：*Muehlewbeckia complera*。蓼科千叶兰属。

简要形态特征：常绿草本植物，植株匍匐丛生或呈悬垂状生长，长达80～120cm，茎红褐色，小叶互生，叶片心形或圆形，具光泽，花期秋季，原产于新西兰。

基本习性：喜光，耐旱，耐瘠薄，不耐寒。

园林应用：观叶、观姿态。其株形饱满，枝叶婆娑，具有较高的观赏价值，多栽培于阳光充足的路边、石头上、假山旁，利用其茎悬垂的特点，可作吊盆栽种或放在高处，茎叶自然下垂，覆盖整个花盆，宛如一个绿球。花期秋季。

适用地区：我国亚热带以南地区常见栽培。

（24）火炭母

学名：*Polygonum chinense*。蓼科蓇蓄属。

简要形态特征：多年生草本。根状茎粗壮。茎直立，高70～100cm，通常无毛，具纵棱。叶卵形或长卵形，长4～10cm，宽2～4cm，顶端短渐尖，基部截形或宽心形，边缘全缘，两面无毛；叶片中部常具紫色斑纹。托叶鞘膜质，无毛，长1.5～2.5cm，具脉纹，顶端偏斜，无缘毛。花序头状，通常数个排成圆锥状，顶生或腋生；花被5深裂，白色或淡红色。花期7～10月份，果期8～11月份。

基本习性：喜湿润，喜光，耐半阴，略耐寒。

园林应用：观花、观叶。城市园林中常用于林下丛植和片植，在花境中运用也较多。

适用地区：我国亚热带以南地区园林均可应用。

（25）红脉酸模

学名：*Rumex sanguineus*。蓼科蒿蓄属。

简要形态特征：多年生宿根草本，高70～100cm，基生叶较大，长达30～45cm，宽15～30cm；叶片肉质，长卵形，顶端急尖，基部圆形或心形，边缘微波状，叶脉浅红色至棕红色，下陷。大型圆锥花序顶生或近顶生。花期6～7月份，果期8～9月份。

基本习性：喜光，喜湿润，耐寒。

园林应用：观叶。利用其喜光、喜湿的特性，种植在潮湿的开阔地，丛植和片植为主。以花境和组团式种植的方式进行应用。

适用地区：我国华北南部及其以南地区均可应用。

（26）尼泊尔蓼

学名：*Polygonum nepalense*。蓼科萹蓄属。

简要形态特征：一年生草本。茎外倾或斜上，自基部多分枝，高20～40cm。茎下部叶卵形或三角状卵形，长3～5cm，宽2～4cm，顶端急尖，基部宽楔形；叶柄长1～3cm，或近无柄，抱茎；托叶鞘筒状，长5～10mm。花序头状，顶生或腋生；花被通常4裂，淡紫红色或白色。花期5～8月份，果期7～10月份。

基本习性：喜光、喜湿，耐寒、耐瘠薄。

园林应用：观花。尼泊尔蓼在园林中应用较少，部分植物园有用作地被栽培的，植株低矮、小巧可爱，适应性强，可做路边地被和在潮湿的岩石园种植，以丛植和片植为佳。

适用地区：我国除新疆部分城市外，其余城市均可在园林中种植。

（27）小头蓼

学名：_Polygonum microcephalum_。蓼科萹蓄属。

简要形态特征：多年生草本，具根状茎。茎直立或外倾，高40～70cm。叶宽卵形或三角状卵形，长6～10cm，宽2～4cm，顶端渐尖，基部近圆形，沿叶柄下延；叶柄具翅；托叶鞘筒状，松散。花序头状，直径5～7mm，顶生，通常成对；花被5深裂，白色，花被片椭圆形。花期5～9月份，果期7～11月份。

基本习性：喜光、喜湿，略耐阴，略耐寒。

园林应用：观花、观叶。主要用于林下地被之用，亦可用于花坛、花境。生长旺盛，覆盖能力强，能够快速形成景观。

适用地区：我国山东以南地区可露地栽培。

（28）头花蓼

学名：*Polygonum capitatum*。蓼科萹蓄属。

简要形态特征：多年生草本。茎匍匐，丛生，基部木质化，节部生根，一年生枝近直立。叶卵形或椭圆形，长1.5～3cm，宽1～2.5cm，顶端尖，基部楔形，全缘。花序头状，直径6～10mm，单生或成对，顶生；花被5深裂，淡红色，花被片椭圆形。花期6～9月份。

基本习性：喜光、喜湿，略耐寒。

园林应用：观花。本种适合在潮湿的草坪边缘、水边和疏林下片植，亦可用于岩石园和花境等处。

适用地区：我国亚热带以南地区均可栽培。

（29）蓼子草

学名：*Polygonum criopolitanum*。蓼科萹蓄属。

简要形态特征：一年生草本。茎自基部分枝，平卧，丛生，节部生根，高10～15cm。叶狭披针形或披针形。花序头状，顶生；花被淡紫红色。花期7～11月份。

基本习性：喜光、喜湿、喜肥沃土壤。

园林应用：观花。布置在水边、潮湿的石边等处。片植为佳。

适用地区：全国大部分地区均可种植。

（30）红蓼

学名：*Polygonum orientale*。蓼科萹蓄属。

简要形态特征：一年生草本。茎直立，粗壮，高1～2m，上部多分枝，密被开展的长柔毛。叶宽卵形、宽椭圆形或卵状披针形，长10～20cm，宽5～12cm。总状花序呈穗状，顶生或腋生，长3～7cm，花紧密，微下垂；花被淡红色或白色。花期6～9月份，果期8～10月份。

基本习性：喜光，耐寒、耐旱，亦耐水湿。

园林应用：观花。本种宜种植于树林边、围墙角落和水边等处，亦可用于花境，作为背景材料。

适用地区：全国大部分地区均可种植。

（31）长鬃蓼

学名：*Polygonum longisetum*。蓼科萹蓄属。

简要形态特征：一年生草本。茎直立枝，高30～60cm，节部稍膨大。叶披针形或宽披针形，长5～13cm，宽1～2cm；托叶鞘筒状，缘毛长6～7mm。总状花序呈穗状，顶生或腋生，细弱，下部间断；花被5深裂，淡红色或紫红色。花期6～9月份，果期7～9月份。

基本习性：喜光，耐半阴，耐寒。

园林应用：观花。本种性强健，多用于路边、疏林边缘和近水绿地，颇具野趣。

适用地区：除特别干旱地区外，全国大部分地区均可种植。

（32）红龙蓼

学名：*Polygonum* 'Red Dragon'。蓼科蒿蓄属。

形态特征：多年生草本，高50～80cm。叶片卵形，基部平截，叶片上有紫色斑块和条纹，新叶尤甚。花期5月份。

基本习性：喜温暖湿润气候，喜光亦耐阴、耐寒、耐瘠薄。

园林用途：观叶。夏季成熟叶片紫绿色，中央有锈红色晕斑，叶缘淡紫红色。春季整个植株均为紫红色，可在疏林下、路边片植，或做花境材料。

适用地区：我国长江流域地区适宜栽培。

12.紫茉莉科

（33）紫茉莉

学名：*Mirabilis jalapa*。紫茉莉科紫茉莉属。

简要形态特征：一年生草本，高可达1m。根肥粗。茎直立，圆柱形，多分枝，节稍膨大。叶片卵形或卵状三角形，长3～15cm，宽2～9cm，顶端渐尖，基部截形或心形，全缘。花常数朵簇生枝端；花被紫红色、黄色、白色或杂色，高脚碟状，筒部长2～6cm，檐部直径2.5～3cm；花午后开放，有香气。花期6～10月份，果期8～11月份。

基本习性：喜光，耐寒，耐旱。

园林应用：观花。本种性强健，高大，花香色艳，常应用于花坛、花境、房前屋后、围墙边等阳光充足处。

适用地区：全国大部分城市园林均可栽培利用。

13.石竹科

（34）肥皂草

学名：*Saponaria officinalis*。石竹科肥皂草属。

简要形态特征：多年生草本，高30～70cm。茎直立，不分枝或上部分枝。叶片椭圆形或椭圆状披针形，长5～10cm，宽2～4cm，基部渐狭成短柄状，微合生，半抱茎，顶端急尖。聚伞圆锥花序，小聚伞花序有3～7朵花；花瓣白色或淡红色，瓣片楔状倒卵形，长10～15mm，顶端微凹缺。花期6～9月份。

基本习性：喜光，略耐阴，喜湿润，耐寒。

园林应用：观花。株形优美，花色靓丽；尤其是夏、秋季开花，先白花，后转成粉红色，香味浓郁，适合作花坛、花境、岩石园布置栽植。亦可栽植于路边，作地被植物观赏。

适用地区：我国暖温带以南大部分城市公园均可栽培。

（35）常夏石竹

学名：*Dianthus plumarius*。石竹科石竹属。

简要形态特征：多年生常绿草本，高30cm，茎蔓状簇生，上部分枝，越年呈木质状，叶片光滑而被白粉，叶厚，呈灰绿色，长线形；伞房花序顶生，有花2～3朵，花色有紫、粉红、白色，具芳香。花期5～10月份。

基本习性：喜光，耐寒，耐旱。

园林应用：观花、观叶。叶形优美，株丛丰满，花色艳丽，且花具芳香，花期较长，被广泛用于点缀城市的大型绿地、公园、庭园、街头绿地和花坛、花境中，多片植为主，还可丛植于岩石园中。

适用地区：我国暖温带以南地区可露地栽培。

（36）须苞石竹

学名：*Dianthus barbatus*。石竹科石竹属。

简要形态特征：多年生草本，高30～60cm，全株无毛。茎直立，有棱。叶片披针形，长4～8cm，宽约1cm，顶端急尖，基部渐狭，合生成鞘，全缘。花多数，集成头状，有数枚叶状总苞片；花瓣具长爪，瓣片卵形，通常红紫色，有白点斑纹，顶端齿裂，喉部具髯毛。花果期5～10月份。

基本习性：喜温暖湿润气候，略耐旱，耐瘠薄。

园林应用：观花。可用于花境、花坛或盆栽，亦可点缀于岩石园和草坪边缘。

适用地区：全国大部分城市均可栽培。

（37）石竹

学名：*Dianthus chinensis*。石竹科石竹属。

简要形态特征：多年生草本，高30～50cm，全株无毛，带粉绿色。茎由根颈生出，直立，上部分枝。叶片线状披针形，长3～5cm，宽2～4mm，顶端渐尖，基部稍狭，全缘或有细小齿，中脉较显。花单生枝端或数花集成聚伞花序；花瓣紫红色、粉红色、鲜红色或白色，顶缘不整齐齿裂，喉部有斑纹，疏生髯毛。花期5～6月份，果期7～9月份。

基本习性：喜湿润气候，喜光，耐寒，耐瘠薄。

园林应用：观花。多用于花坛、花境或盆栽，可用于岩石园丛植、草坪边缘带状种植或点缀。

适用地区：我国除特别干旱地区以外的城市园林都可种植。

（38）瞿麦

学名：*Dianthus superbus*。石竹科石竹属。

简要形态特征：多年生草本，高50～60cm。茎丛生，直立，绿色，无毛，上部分枝。叶片线状披针形，长5～10cm，宽3～5mm。花1或2朵生枝端；花瓣长4～5cm，爪长1.5～3cm，通常淡红色或带紫色，稀白色。花期6～9月份，果期8～10月份。

基本习性：耐干旱瘠薄，耐旱。

园林应用：观花。可用来布置花境或岩石园。

适用地区：全国大部分城市园林均可应用。

（39）细小石头花

学名：*Gypsophila muralis*。石竹科石头花属。

简要形态特征：一年生草本，高5～20cm。茎自基部开始分枝。叶片线形，长5～25mm，宽1～2.5mm，苍白色。二歧聚伞花序疏散；花瓣粉红色，脉色较深，倒卵状楔形，长为花萼的1.5～2倍，顶端啮蚀状；雄蕊与花瓣等长或稍长。蒴果长圆形。花期5～10月份。

基本习性：喜冷凉和湿润气候，耐寒、略耐旱。

园林应用：观花、观叶。城市园林中多用于花境、花坛等处，亦可栽培于庭院路边、墙边和建筑物旁，以丛植和带状种植为主。

适用地区：全国大部分城市园林均可栽培。

（40）剪春罗

学名：*Lychnis coronata*。石竹科剪秋罗属。

简要形态特征：多年生草本，高50～90cm，全株近无毛。茎单生，稀疏丛生，直立。叶片椭圆状倒披针形或卵状倒披针形，长（5～）8～15cm，宽（1～）2～5cm。二歧聚伞花序通常具数花；花直径4～5cm，花梗极短；花瓣橙红色。花期6～7月份，果期8～9月份。

基本习性：喜温暖湿润气候，不耐寒，不耐旱。

园林应用：观花。可种植在路边花坛。园林中花境，亦可在稀疏林下丛植或片植，营造烂漫的山野景观。

适用地区：我国长江流域以南地区园林可露地栽培。

14.毛茛科

（41）欧楼斗菜

学名：*Aquilegia vulgaris*。毛茛科楼斗菜属。

简要形态特征：多年生草本，根肥大。茎高15～50cm，常在上部分枝。基生叶少数，二回三出复叶；叶片宽4～10cm；萼片黄绿色，长椭圆状卵形；花色紫色，花瓣瓣片与萼片同色，直立，倒卵形，比萼片稍长或稍短，顶端近截形，距直或微弯，长1.2～1.8cm。花期5～7月份。

基本习性：喜冷凉湿润气候，耐寒。

园林应用：观花。花形奇特，花姿娇小玲珑，花色明快，主要应用于花境、花坛、岩石园等处。

适用地区：我国华北、西北和东北部分地区栽培较多，在南方地区越夏困难。

（42）杂种铁筷子

学名：*Helleborus × hybridus*。毛茛科铁筷子属。

简要形态特征：多年生常绿草本。茎高30～40cm，无毛，上部分枝，基部有2～3个鞘状叶。基生叶1（～2）个，有长柄；叶片肾形或五角形，长7.5～16cm，宽14～24cm，鸡足状三全裂；萼片初粉红色、黄绿色和紫红色等，在果期颜色渐淡。花瓣6～10，淡黄绿色。3月份开花，5～6月份结果。

基本习性：喜温暖湿润气候，略耐寒，不耐旱，略喜阴。

园林应用：观花、观叶。本种株型较低矮、叶色墨绿、四季常绿，花及叶均较奇特，为优秀的地被材料。园林中以片植、丛植和群植为主，可应用于花境、花坛、疏林下等处。

适用地区：我国长江流域以南地区可露地栽培。

（43）紫花耧斗菜

学名：*Aquilegia viridiflora* var. *atropurpurea*。毛茛科耧斗菜属。

简要形态特征：根肥大，圆柱形，粗达1.5cm。茎高15～50cm。基生叶少数，二回三出复叶；叶片宽4～10cm；叶柄长达18cm。花3～7朵，倾斜或微下垂；萼片暗紫色或紫色。花瓣瓣片黄绿色，直立，倒卵形，4～6月份开花，7～8月份结果。

基本习性：喜冷凉湿润气候，略耐寒，不耐热。

园林应用：观花。以丛植和片植为主，多用于花境和岩石园等处。

适用地区：我国华北地区和华东北部地区可露地栽培。

（44）华东唐松草

学名：*Thalictrum fortunei*。毛茛科唐松草属。

简要形态特征：植株全体无毛。茎高20～50cm。基生叶有长柄，为二至三回三出复叶；叶片宽5～10cm；小叶草质，背面粉绿色，顶生小叶近圆形，直径1～2cm。复单歧聚伞花序圆锥状；花梗丝形，长0.6～1.6cm；萼片4，白色或淡堇色。4～5月份开花。

基本习性：喜温暖湿润气候，略耐阴。

园林应用：观花。宜在疏林下及疏林边缘、绿地边缘等处丛植和片植，亦可应用于花境，显其婀娜多姿的姿容。

适用地区：我国山东以南地区可露地栽培。

（45）瓣蕊唐松草

学名：*Thalictrum petaloideum*。毛茛科唐松草属。

简要形态特征：多年生草本，全株无毛。茎高20～80cm。基生叶数个，为三至四回三出或羽状复叶；叶片长5～15cm；小叶草质，形状变异很大。花序伞房状，有少数或多数花；花梗长0.5～2.5cm；萼片4，白色。5～6月份开花。

基本习性：喜光，耐寒、耐旱、耐瘠薄。

园林应用：观花。利用其喜光耐旱的特点，多栽培于高燥的山坡、岩石园和光照充足的路边，多以丛植和片植为主，亦可应用于花境。

适用地区：我国北方地区可应用，湿润多雨和高温地区不适合应用。

（46）鹅掌草

学名：*Anemone flaccida*。毛茛科银莲花属。

简要形态特征：植株高15～30cm。根状茎斜。基生叶1～2，有长柄；叶片薄草质，五角形，长3.5～7.5cm，宽6.5～14cm，基部深心形，三全裂；萼片5，白色，倒卵形或椭圆形，花期3～4月份。

基本习性：喜温暖湿润气候，耐阴。

园林应用：观花。多用于疏林下、林缘、路边和缀花草坪等处，以片植为佳。

适用地区：我国除华南地区外，其他亚热带以南地区均可种植。

（47）毛茛铁线莲

学名：*Clematis ranunculoides*。毛茛科铁线莲属。

简要形态特征：直立草本或草质藤本，长0.5～2m。基生叶有长柄，长7～10cm，有3～5小叶，常为三出复叶。聚伞花序腋生，1～3花；花梗细瘦，长2～4cm，基部有一对叶状苞片；花钟状，直径1.5cm；萼片4枚，紫红色。花期9～11月份。

基本习性：喜冷凉气候，喜湿润，略耐阴。

园林应用：观花。适合在廊架、花架等处攀爬或垂吊观赏，亦可盆栽，放置在高处或几架处观赏。

适用地区：我国中亚热带以南的冷凉气候地区可以栽培。

（48）圆锥铁线莲

学名：*Clematis terniflora*。毛茛科铁线莲属。

简要形态特征：木质藤本。茎、小枝有短柔毛。一回羽状复叶，通常5小叶，有时7或3，茎基部为单叶或三出复叶。圆锥状聚伞花序腋生或顶生，多花，长5～15（～19）cm，较开展；花直径1.5～3cm；萼片通常4，开展，白色。花期6～8月份，果期8～11月份。

基本习性：喜温暖湿润，略耐寒，耐瘠薄，喜光。

园林应用：观花。主要在林缘、裸露的岩石、棚架、廊架和花架等处栽培应用。

适用地区：我国除南亚热带和热带气候地区外，其他暖温带地区均可栽培。

（49）花毛茛

学名：*Ranunculus asiaticus*。毛茛科毛茛属。

简要形态特征：多年生草本，株高20～40cm，块根纺锤形，常数个聚生于根颈部；茎单生，纤细而直立；基生叶阔卵形，具长柄，茎生叶无柄，为2回3出羽状复叶；花单生或数朵顶生，花径3～4cm；重瓣品种花径可达10cm，花色丰富，有白、黄、红、水红、大红、橙、紫和褐色等多种颜色。花期3～4月份。

基本习性：喜温暖湿润气候，喜光，不耐阴，喜疏松肥沃土壤。

园林应用：观花。花毛茛株姿玲珑秀美，花色丰富艳丽，多用于春季大型花展，应用于花境、花坛、路边和绿地边缘等处，采用片植和群植的形式，观赏效果绝佳。亦可盆栽观赏。

适用地区：我国多作为一年生观赏花卉栽培。

（50）飞燕草

学名：*Consolida ajacis*。毛茛科翠雀属。

简要形态特征：多年生草本，茎高约达60cm。茎下部叶有长柄，在开花时多枯萎，中部以上叶具短柄；叶片长达3cm，掌状细裂。花序生于茎或分枝顶端；萼片紫色、粉红色或白色，宽卵形；花瓣的瓣片三裂，中裂片长约5mm，先端二浅裂。花期3～5月份。

基本习性：喜冷凉气候，喜湿，耐寒。

园林应用：观花。多用于花境、花坛和路边条状种植。以丛植和片植为主。

适用地区：全国大部分城市均可栽培。

（51）江南牡丹草

学名：*Gymnospermium kiangnanense*。小檗科牡丹草属。

简要形态特征：多年生草本，高20～40cm。根状茎近球形，直径3～5cm；地上茎直立或外倾，无毛而微被白粉。叶1枚，生于茎顶，2～3回三出羽状复叶，草质。总状花序顶生，具13～16朵花；花黄色，直径1.1～1.8cm；萼片通常6，花瓣状。花期3～4月份。

基本习性：喜温暖湿润气候，不耐寒，喜光、略耐阴。

园林应用：观花。多应用于疏林下、有遮阴的路边，可以用于花境；丛植和片植效果最佳。

适用地区：我国亚热带地区可露地栽培。

16.芍药科

（52）芍药

学名： *Paeonia lactiflora*。芍药科芍药属。

简要形态特征： 多年生草本。根粗壮。茎高40～70cm。下部茎生叶为二回三出复叶，上部茎生叶为三出复叶。花数朵，生于茎顶和叶腋，直径8～11.5cm；花瓣9～13，白色，有时基部具深紫色斑块；现在栽培的品种极多，色彩丰富。花期4～6月份；果期8～9月份。

基本习性： 喜光，耐寒、耐旱、耐瘠薄。

园林应用： 观花。我国的传统名花，花色丰富艳丽，易栽培，在园林中不积水的地块均可栽培，路边、墙边、花境、花坛、岩石园等处都可应用。主要有孤植、丛植和片植的利用方式。配合牡丹，可以起到延长牡丹花期的观赏效果。

适用地区： 我国除南部潮湿多雨地区外，其他地区均可栽培应用。

17.罂粟科

（53）花菱草

学名：*Eschscholtzia californica*。罂粟科花菱草属。

简要形态特征：多年生（栽培者常为一年生）草本，无毛，植株带蓝灰色。茎直立，高30～60cm。基生叶数枚，长10～30cm，多回三出羽状细裂，裂片形状多变。花单生于茎和分枝顶端；花梗长5～15cm，花开后成杯状，边缘波状反折；花瓣4，三角状扇形，长2.5～3cm，黄色，基部具橙黄色斑点。花期4～6月份，果期7～10月份。

基本习性：喜冷凉气候，喜湿，耐寒。

园林应用：观花。茎叶嫩绿带灰色，花色黄或橙黄，鲜艳夺目，可应用于花带、花径，亦可盆栽，也可用于草坪丛植。

适用地区：我国多用于北方地区，在热带地区甚少栽培。

（54）虞美人

学名：*Papaver rhoeas*。罂粟科罂粟属。

简要形态特征：一年生草本，全体被伸展的刚毛。茎直立，高25～90cm。叶互生，叶片轮廓披针形或狭卵形。花单生于茎和分枝顶端；花梗长10～15cm；花瓣4，紫红色，基部通常具深紫色斑点；花果期3～8月份。

基本习性：喜冷凉气候，喜光，耐寒、耐旱、耐瘠薄。

园林应用：观花。色彩丰富，花瓣质薄如绫，光洁似绸，适宜用于花坛、花境栽植。

适用地区：我国绝大部分城市园林均可栽培。

（55）蓟罂粟

学名： *Argemone mexicana*。罂粟科蓟罂粟属。

简要形态特征： 一年生草本（栽培者常为多年生、灌木状），通常粗壮，高30～100cm。茎具分枝和多短枝，疏被黄褐色平展的刺。基生叶密聚，叶片宽倒披针形、倒卵形或椭圆形。花单生于短枝顶；花梗极短；萼片2，舟状，长约1cm，先端具距，距尖成刺；花瓣6，黄色或橙黄色。花果期3～11月份。

基本习性： 性喜高温，耐旱，耐瘠。

园林应用： 观花，观叶。在园林中以丛植为主，可植于岩石园、花境和花坛等处。

适用地区： 我国海拔比较高的亚热带地区。

（56）野罂粟

学名：*Papaver nudicaule*。罂粟科罂粟属。

简要形态特征：多年生草本，高30cm左右，丛生近无茎；叶根生、长15cm，具柄，叶片羽裂或半裂，花单生于无叶的花葶上，白色、橙色、浅红色等，杯状，花径5～7cm，全体有硬毛。花期3～5月份。

基本习性：喜冷凉湿润气候，喜光、耐寒。

园林应用：观花。在园林中以带状种植为主，也可丛植观赏，主要用于岩石园、花境和花坛等处。

适用地区：全国大部分地区均可种植，多作为一年生草花进行栽培利用。

18.白花菜科

（57）醉蝶花

学名：*Tarenaya hassleriana*。白花菜科醉蝶花属。

简要形态特征：一年生草本，高1～1.5m，全株被黏质腺毛，有特殊臭味。叶为具5～7小叶的掌状复叶；叶柄长2～8cm；花瓣粉红色，少见白色，瓣片倒卵伏匙形；雌蕊柄长4cm。花期初夏，果期夏末秋初。

基本习性：夏热型花卉，喜温、喜光、喜湿。

园林应用：观花。花瓣轻盈飘逸，盛开时如彩蝶飞舞。可在夏秋季节布置花坛、花境，亦可在树林边、草地边缘和围墙边进行带状或片状种植。

适用地区：全国大部分地区均可栽培应用。

19.十字花科

（58）诸葛菜

学名：*Orychophragmus violaceus*。十字花科诸葛菜属。

简要形态特征：一年或二年生草本，高10～50cm；茎单一，直立，基部或上部稍有分枝，浅绿色或带紫色。基生叶及下部茎生叶大头羽状全裂。花紫色、浅红色、杂色或白色，直径2～4cm；花梗长5～10mm；花萼筒状，紫色。花期2～4月份，果期5～6月份。

基本习性：喜冷凉气候，耐寒、耐半阴、耐瘠薄。

园林应用：观花。诸葛菜冬季绿叶葱翠，春季花开如海，花期长，适用于大面积地面覆盖，为良好的园林阴处或林下地被植物，片植和群植为佳，也可用作花径栽培。也可植于坡地、道路两侧等。

适用地区：我国除华南地区外，其他地区均可栽培。

（59）屈曲花

学名：*Iberis amara*。十字花科屈曲花属。

简要形态特征：一年生草木，高10～30cm；茎直立。茎下部叶匙形，上部叶披针形或长圆状楔形。总状花序顶生；花梗丝状；花瓣白色或浅紫色，倒卵形。花期3～5月份，果期6月份。

基本习性：喜温凉气候，耐寒、耐旱、耐瘠薄。

园林应用：观花。株型矮小，花序紧凑，适合布置岩石园、花坛、花境或盆栽。丛植为主。

适用地区：全国大部分地区均可栽培。

（60）香雪球

学名：*Lobularia maritima*。十字花科香雪球属。

简要形态特征：多年生草本，高10～40cm。全株被"丁"字毛，毛带银灰色。茎自基部向上分枝，常呈密丛。叶条形或披针形；花瓣淡紫色或白色，长圆形，长约3mm，顶端钝圆。花期3～6月份。

基本习性：喜温热气候，喜光，略耐寒，略耐干旱。

园林应用：观花。株矮而多分枝，花开一片白色或紫色，幽香宜人，可用来布置岩石园，也是花坛、花境的优良镶边材料，亦可盆栽观赏。

适用地区：我国华北以南各地均可栽培。

（61）紫罗兰

学名：*Matthiola incana*。十字花科紫罗兰属。

简要形态特征：二年生或多年生草本，高达60cm，全株密被灰白色具柄的分枝柔毛。茎直立。叶片长圆形至倒披针形或匙形。总状花序顶生和腋生，花多数，较大；花瓣紫红、淡红或白色。花期2～5月份。

基本习性：喜冷凉湿润气候，耐寒，不耐热喜光。

园林应用：观花。紫罗兰花朵茂盛，花色艳丽，香气浓郁，花期长，适宜于布置花坛、台阶和花境，也可在园路两侧条植，亦可盆栽观赏。

适用地区：我国亚热带以南地区可露地栽培，北方需进温室栽培，或者作一年生草花种植。

20.景天科

（62）佛甲草

学名：*Sedum lineare*。景天科景天属。

简要形态特征：多年生草本，无毛。茎高10～20cm。3叶轮生，少有4叶轮或对生的，叶线形，长20～25mm，宽约2mm，先端钝尖。花序聚伞状，顶生；花瓣5，黄色，披针形，长4～6mm，先端急尖。花期4～5月份，果期6～7月份。

基本习性：喜温暖湿润气候，略耐寒，耐旱，喜光。

园林应用：观叶、观花。植株细腻、花色金黄，小叶绿如翡翠，是一种优良的地被植物，生长快，扩展能力强，而且根系纵横交错，与土壤紧密结合，能防止表土被雨水冲刷，适宜用作护坡草。利用其耐旱的特性，是屋顶绿化最佳材料之一。

适用地区：我国亚热带以南地区均可栽培。

（63）'胭脂红'假景天

学名：*Sedum spurium* 'Coccineum'。景天科景天属。

简要形态特征：多年生常绿草本，高20～30cm，茎肉质，粗2～3mm，赭红色。叶片倒卵形或近扇形，基部略下延，叶片边缘有钝齿，通常绿色带红晕，冬季低温会变成赭红色。伞房花序，花玫瑰红色。花期5～7月份。

基本习性：喜冷凉气候，耐干旱、瘠薄，喜光。

园林应用：观花。本种茎匍匐，低矮，常绿，色彩艳丽，多用于岩石园、屋顶绿化和坡地绿化等，以片植为主。亦可盆栽和花境应用。

适用地区：夏季低温少雨地区可栽培利用。我国华东北部、华北和西北地区应用较多。

（64）'金丘'松叶佛甲草

学名：*Sedum mexicanum* 'Gold Mound'。景天科景天属。

简要形态特征：多年生常绿肉质草本，高20～40cm，茎黄绿色，粗4～6mm。叶条形，4（5）叶轮生，常宽而扁，宽至3mm，顶叶金黄；聚伞花序顶生，花黄色，花期4～6月份。

基本习性：喜光，耐旱，耐瘠薄，不耐寒。

园林应用：观叶、观花。园林中常用片植和丛植的方式应用于岩石园、坡地、花境、花坛和地势高燥处。

适用地区：我国除潮湿多雨地区以外，其他大部分北方城市都可以应用。

（65）垂盆草

学名：*Sedum sarmentosum*。景天科景天属。

简要形态特征：多年生草本。不育枝及花茎细，匍匐而节上生根，长10～25cm。3叶轮生，叶倒披针形至长圆形。聚伞花序，有3～5分枝，花少，宽5～6cm；花无梗；萼片5，披针形至长圆形。花期5～7月份，果期8月份。

基本习性：喜光、喜温暖湿润气候，耐旱。

园林应用：观叶、观花。利用其耐粗放管理和铺地生长的特性，应用在屋顶绿化、地被、护坡、花坛、吊篮等城市园林中；利用形式主要以丛植和片植为主。

适用地区：我国暖温带以南地区均可栽培应用。

（66）费菜

学名：*Phedimus aizoon*。景天科费菜属。

简要形态特征：多年生草本。根状茎短，茎高20～50cm，有1～3条茎，直立，无毛，不分枝。叶互生，狭披针形、椭圆状披针形至卵状倒披针形。聚伞花序，水平分枝，平展；花瓣5，黄色。花期6～7月份，果期8～9月份。

基本习性：耐旱、耐寒、耐瘠薄、喜光。

园林应用：观叶、观花。主要作为地被植物来进行应用，适应性强。可种植在路边、疏林下、岩石园、花境和花坛等处，以丛植、片植和带状种植为主。

适用地区：我国东北至西南均可栽培，华东南部和华南地区除外。

（67）八宝

学名：*Hylotelephium erythrostictum*。景天科八宝属。

简要形态特征：多年生草本。块根胡萝卜状。茎直立，高30～70cm，不分枝。叶对生，少有互生或3叶轮生，长圆形至卵状长圆形，长4.5～7cm，宽2～3.5cm。伞房花序顶生；花密生，直径约1cm；花瓣5，白色或粉红色，宽披针形。花期8～11月份。

基本习性：耐旱、耐寒、喜光或略耐阴。

园林应用：观花、观叶。多在疏林下、岩石园、路边、庭院等地种植，亦可应用于花坛、花境，采用片植、丛植和条状种植的形式。

适用地区：我国除华南地区外，其他地区均可栽培。

21.虎耳草科

（68）虎耳草

学名：*Saxifraga stolonifera*。虎耳草科虎耳草属。

简要形态特征：多年生草本，高8～35cm。鞭匐枝细长。基生叶具长柄，叶片近心形、肾形至扁圆形，长1.5～7.5cm，宽2～12cm，先端钝或急尖，基部近截形、圆形至心形，背面通常红紫色。聚伞花序圆锥状，花瓣白色，中上部具紫红色斑点，基部具黄色斑点。花果期4～11月份。

基本习性：喜温暖湿润气候，喜阴湿，不耐寒。

园林应用：观叶、观花。本种匍地性强，叶片圆形可爱，有黄色或紫色斑纹，观赏效果佳。主要应用于岩石园、荫蔽林下、沟谷两侧，亦可用于花境和庭院绿化。片植为主。

适用地区：我国亚热带以南地区均可栽培。

（69）大叶金腰

学名：*Chrysosplenium macrophyllum*。虎耳草科金腰属。

简要形态特征：多年生草本，高17～21cm；不育枝长23～35cm，叶互生，具柄，叶片阔卵形至近圆形，长3～18cm，宽4～12cm，边缘具11～13圆齿。多歧聚伞花序长3～4.5cm；花序分枝疏生褐色柔毛或近无毛。花果期4～6月份。

基本习性：喜冷凉湿润气候，喜阴湿生长环境，不耐寒。

园林应用：观叶、观花。主要作疏林下地被之用，亦可用于溪流两岸阴湿处绿化。

适用地区：我国长江流域以南地区可以露地越冬栽培。

（70）肾形草

学名：*Heuchera micrantha*。虎耳草科肾形草属。

简要形态特征：多年生耐寒草本花卉，浅根性。叶基生，阔心形，长20～25cm，深紫色，在温暖地区常绿，花小，钟状，花径0.6～1.2cm，红色，两侧对称。花期5～7月份。

基本习性：喜温暖湿润气候，喜阴湿，不耐寒。

园林应用：观叶。主要用于花境和花坛等处，亦可应用于路边呈条状种植。以丛植和片植为主。

适用地区：我国华东以南地区可以露地栽培。

22.绣球科

（71）草绣球

学名：*Cardiandra moellendorffii*。绣球科草绣球属。

简要形态特征：亚灌木，高0.4～1m；茎单生。叶通常单片、分散互生于茎上，纸质，椭圆形或倒长卵形，长6～13cm，宽3～6cm。伞房状聚伞花序顶生，不育花萼片2～3，较小，近等大，阔卵形至近圆形，白色或粉红色；花瓣阔椭圆形至近圆形，长2.5～3mm，淡红色或白色。花期7～8月份，果期9～10月份。

基本习性：喜温热的冷凉气候，喜湿润，耐半阴，略耐寒。

园林应用：观花。主要作为路边、疏林边缘等处绿化之用，花境和花坛亦可应用。主要丛植和片植为主。

适用地区：我国亚热带以南的中海拔地区可以种植。

23.蔷薇科

（72）蛇莓

学名：*Duchesnea indica*。蔷薇科蛇莓属。

简要形态特征：多年生草本；匍匐茎多数，长30～100cm，有柔毛。小叶片倒卵形至菱状长圆形，长2～3.5(～5)cm，宽1～3cm，先端圆钝，边缘有钝锯齿，两面皆有柔毛。花单生于叶腋；直径1.5～2.5cm；花瓣倒卵形，长5～10mm，黄色，先端圆钝。瘦果卵形，红色。花期6～8月份，果期8～10月份。

基本习性：喜光，喜湿，略耐阴，耐寒。

园林应用：观花、观果。本种适应性强，花色金黄，果实鲜红，常用于路边地被和岩石园等处。片植为佳。

适用地区：我国大部分地区均可栽培。

（73）地榆

学名：*Sanguisorba officinalis*。蔷薇科地榆属。

简要形态特征：多年生草本，高30～120cm。根粗壮，多呈纺锤形。茎直立。基生叶为羽状复叶，有小叶4～6对。穗状花序椭圆形，圆柱形或卵球形，直立，通常长1～3（4）cm，横径0.5～1cm，从花序顶端向下开放；萼片4枚，紫红色；雄蕊4枚。花果期7～10月份。

基本习性：耐寒、耐旱、耐瘠薄，喜光。

园林应用：观叶、观果。可用于疏林边绿化，亦可应用于花境，作为背景材料。

适用地区：全国城市园林中均可应用。

（74）柔毛路边青

学名：*Geum japonicum var. chinense*。蔷薇科路边青属。

简要形态特征：多年生草本。须根，簇生。茎直立，高25～60cm。基生叶为大头羽状复叶，通常有小叶1～2对，其余侧生小叶呈附片状，下部茎生叶具3小叶，上部茎生叶单叶，3浅裂。花序疏散，顶生数朵；花直径1.5～1.8cm；花瓣黄色，近圆形，比萼片长。花果期5～10月份。

基本习性：喜光，喜湿润，略耐阴，耐寒。

园林应用：观花。多用于疏林下和疏林边缘，作地被进行栽培。亦可应用于花境。

适用地区：我国除东北地区外，其他地区均可栽培。

24.豆科

（75）红车轴草

学名：*Trifolium pratense*。豆科车轴草属。

简要形态特征：多年生草本，高10～60cm；茎直立。叶纸质，6～10片轮生，倒披针形、长圆状披针形或狭椭圆形，叶片中部有红色斑纹，叶片边缘偶有红色斑纹。伞房花序式的聚伞花序顶生，长达3～6cm；花冠淡红或淡紫色，短漏斗状，花冠裂片4。花果期6～9月份。

基本习性：喜光，耐寒、耐旱、耐瘠薄。

园林应用：观叶、观花。主要作为草坪地被来进行应用。

适用地区：我国除华南和西南部分地区外，其他地区均可栽培。

（76）澳洲蓝豆

学名：*Baptisia australis*。豆科赝靛属。

简要形态特征：多年生宿根草本植物。茎直立，高约50～100cm，三小叶，小叶片倒卵状菱形，叶柄长3～6cm，全株无毛。总状花序，花蝶形，蓝色。花期5～6月份。

基本习性：喜光，耐旱，耐瘠薄，略耐寒。喜冷凉、排水良好、通风、阳光充足的地方，忌闷热潮湿环境。

园林应用：观花。通常种植在路边、建筑物南侧等处，亦可用于花境。以丛植和片植为主。

适用地区：我国亚热带以南地区可以露地越冬。

（77）蝙蝠草

学名：*Christia vespertilionis*。豆科蝙蝠草属。

简要形态特征：多年生直立草本，高60～120cm。常由基部开始分枝。叶通常为单小叶，稀有3小叶；小叶近革质，灰绿色，顶生小叶菱形或长菱形或元宝形，长0.8～1.5cm，宽5～9cm，先端宽而截平。总状花序顶生或腋生，有时组成圆锥花序；花冠黄白色。花期3～5月份，果期10～12月份。

基本习性：喜光，耐旱，不耐寒。

园林应用：观叶。本种叶片奇特，状如蝙蝠。宜栽培在阳光充足的花坛、花境等处，亦可栽培在路边观赏。

适用地区：我国华南地区露地栽培，其他地区盆栽观赏。

25.酢浆草科

（78）三角叶酢浆草

学名：*Oxalis obtriangulata*。酢浆草科酢浆草属。

简要形态特征：多年生宿根草本，根系为半透明的肉质根。叶为三出掌状复叶，簇生，生于叶柄顶端，小叶叶柄极短，呈等腰三角形，着生于总叶柄上，总叶柄长15～31cm。叶正面玫红，中间呈"人"字形不规则浅玫红的色斑。叶背深红色，且有光泽。花为伞形花序，浅粉色。花果期3～8月份。

基本习性：喜光，略耐阴，耐瘠薄，略耐寒。

园林应用：观叶、观花。叶片紫色，粉色小花随风摇曳，非常美丽。本种多作地被栽培，亦可栽培于花境、岩石园等处。丛植和片植均可。

适用地区：我国亚热带以南地区可露地栽培，北方可盆栽观赏。

（79）红花酢浆草

学名：*Oxalis corymbosa*。酢浆草科酢浆草属。

简要形态特征：多年生直立草本。无地上茎，地下部分有球状鳞茎。叶基生；叶柄长5～30cm或更长；小叶3，扁圆状倒心形。总花梗基生，二歧聚伞花序，通常排列成伞形花序式；花瓣5，淡紫色至紫红色，基部颜色呈绿色。花、果期5～12月份。

基本习性：喜光、喜湿、耐旱、耐贫瘠、略耐寒。

园林应用：观叶、观花。可以布置于花坛、花境，布置绿地镶边，又适宜作为地被植物大片栽植。

适用地区：我国华北南部及以南地区露地栽培。

（80）关节酢浆草

学名：*Oxalis articulata*。酢浆草科酢浆草属。

简要形态特征：特征同红花酢浆草相近，花瓣基部颜色呈深红色。花果期5～10月份。

基本习性：喜光、喜湿，耐旱、耐贫瘠、略耐寒。

园林应用：观叶、观花。可以布置于花坛、花境，又适宜作为地被植物大片栽植。

适用地区：我国华北南部及以南地区可露地栽培。

（81）芙蓉酢浆草

学名：*Oxalis purpurea*。酢浆草科酢浆草属。

简要形态特征：植株高约10～50cm，地下部分为鳞茎，叶片大，掌状三出复叶，小叶倒心形，叶柄长5～15cm，总花梗基生，二歧聚伞花序，通常排列成伞形花序式；花色有粉红色、白色、黄色和红色。花期主要在秋季。

基本习性：喜光、喜湿，不耐寒。

园林应用：观花。花姿柔美可爱，适合作花坛美化或盆栽，是优良的观赏草花。

适用地区：我国长江以南地区可露地栽培，冬季地上部分易枯萎，依靠鳞茎越冬。

26.牻牛儿苗科

（82）血红老鹳草

学名：*Geranium sanguineum*。牻牛儿苗科老鹳草属。

简要形态特征：多年生草本，高15～40cm。叶片圆形，掌状深裂，叶柄长5～15cm。聚伞花序，高于叶面。花瓣5，花色粉红至白色。花期4～5月份。

基本习性：喜光，耐寒、耐旱、耐贫瘠。

园林应用：观花。主要作为地被植物栽培，亦可用于花境、花坛和盆栽观赏。丛植和片植为主。

适用地区：通常作一年生草花栽培，全国都可栽培。我国暖温带以南地区可以露地越冬。

（83）香叶天竺葵

学名：*Pelargonium graveolens*。牻牛儿苗科天竺葵属。

简要形态特征：多年生草本或灌木状，高可达1m。茎直立，基部木质化，上部肉质，密被具光泽的柔毛，有香味。叶互生；叶片近圆形，基部心形，直径2～10cm，掌状5～7裂达中部或近基部；花瓣玫瑰色或粉红色。花期5～7月份，果期8～9月份。

基本习性：喜光略耐阴，喜湿润，不耐寒。

园林应用：观花、观叶。主要应用于花境和花坛，亦可用于路边、建筑物和园林小品周边绿化。

适用地区：我国华南地区可露地栽培，其他地区夏季栽培或者盆栽观赏。

27.大戟科

（84）钩腺大戟

学名：*Euphorbia sieboldiana*。大戟科大戟属。

简要形态特征：多年生草本。根状茎较粗壮，长10～20cm。茎单一或自基部多分枝，每个分枝向上再分枝，高40～70cm。叶互生，变异较大，长2～5（6）cm，宽5～15mm，先端钝或尖或渐尖，基部渐狭或呈狭楔形，全缘。花序单生于二歧分枝的顶端，腺体4，新月形。花果期4～9月份。

基本习性：喜阴湿，耐寒，不耐旱。

园林应用：观叶、观花。本种常用在疏林下和阴湿的沟谷和溪流两侧，亦可应用于潮湿环境的阴生园和岩石园。

适用地区：我国除西北和华南部分地区外，其他地区均可栽培。

（85）乳浆大戟

学名：*Euphorbia esula*。大戟科大戟属。

简要形态特征：多年生草本。根圆柱状，长20cm以上。茎单生或丛生，单生时自基部多分枝，高30～60cm，直径3～5mm；总苞叶3～5枚，与茎生叶同形；伞幅3～5，长2～4（5）cm；苞叶2枚，常为肾形。花序单生于二歧分枝的顶端；腺体4，新月形。花果期4～10月份。

基本习性：耐寒、耐旱，喜光耐半阴。

园林应用：观花。本种花形奇特，苞片金黄，可用于岩石园、各类园林小品旁、疏林下等处。以丛植和片植为主。

适用地区：全国大部分地区均可栽培。

（86）猫尾红

学名：*Acalypha chamaedrifolia*。大戟科铁苋菜属。

简要形态特征：常绿小灌木，栽培条件下常呈草本状，枝条呈半蔓性，株高10～25cm，匍匐地面生长。叶互生，卵形，先端尖，叶缘具细齿，两面被毛。雌雄异株，荑荑花序顶生。雌蕊红色或淡红色，花柱顶端撕裂状。花期3～10月份，温室栽培的花期几乎全年。

基本习性：喜光，耐半阴，喜湿，不耐寒。

园林应用：观花。主要作为地被植物来进行栽培利用，也可利用其垂吊的特点，盆栽放置高处垂吊观赏。

适用地区：我国华南地区露地栽培，其他地区夏季栽培或盆栽观赏。

28.凤仙花科

（87）凤仙花

学名：*Impatiens balsamina*。凤仙花科凤仙花属。

简要形态特征：一年生草本，高60～100cm。茎粗壮，肉质，直立。叶互生，最下部叶有时对生；叶片披针形、狭椭圆形或倒披针形，长4～12cm、宽1.5～3cm，先端尖或渐尖。花单生或2～3朵簇生于叶腋，无总花梗，白色、粉红色或紫色，单瓣或重瓣。花期7～10月份。

基本习性：喜光、喜水湿，耐旱、略耐寒。

园林应用：观花。常见用于花坛、花境，可应用于不同绿地，亦可盆栽观赏。

适用地区：全国大部分城市园林均可应用。

（88）新几内亚凤仙花

学名：*Impatiens hawker*。凤仙花科凤仙花属。

简要形态特征：多年生常绿草本。株高25～40cm，茎肉质，光滑，青绿色或红褐色，茎节膨大，易折断。多叶轮生，叶披针形，长7～15cm，叶缘具锐锯齿，叶色黄绿至深绿色，叶脉及茎的颜色常与花的颜色有相同。花单生于叶腋，花大，直径4～7cm，基部花瓣衍生成距，花色极为丰富，有洋红色、雪青色、白色、紫色、橙色等。花期6～8月份。

基本习性：喜温暖湿润，喜光略耐阴。

园林应用：观花。本种多用作一年生花卉来栽培利用，主要应用于园路两侧、花境、花坛和盆栽观赏。

适用地区：全国大部分地区可夏季作一年生栽培，华南地区可尝试多年生栽培利用。

（89）苏丹凤仙花

学名：*Impatiens wallerana*。凤仙花科凤仙花属。

简要形态特征：多年生肉质草本，高30～70cm。茎肉质直立，绿色或淡红色，不分枝或分枝。叶互生或上部螺旋状排列，叶片宽椭圆形或卵形至长圆状椭圆形，长4～12cm。总花梗生于茎、枝上部叶腋，通常具2花，稀具3～5花，花大小及颜色多变化，有鲜红色、深红、粉红色、紫红色、淡紫色、蓝紫色，或有时白色。花期6～10月份。温室栽培的花期可控。

基本习性：喜温、喜光、喜湿，略耐寒。

园林应用：观花。可丛植或片植于花境、花带和花坛等处，亦可在庭院内多种利用方式应用。

适用地区：我国大部分城市园林均可作一年生草花栽培，热带地区可多年生栽培。

29.锦葵科

（90）蜀葵

学名：Althaea rosea。锦葵科蜀葵属。

简要形态特征：一、二年生直立草本，高达2m，茎枝密被刺毛。叶近圆心形，直径6～16cm，掌状5～7浅裂或波状棱角。花腋生，单生或近簇生，排列成总状花序式；花大，直径6～10cm，有红、紫、白、粉红、黄和黑紫等色，单瓣或重瓣。花期4～9月份。

基本习性：喜光，耐旱、耐寒，不择土壤。

园林应用：观花。宜种植在建筑物旁、假山旁或点缀花坛、草坪，成列或成丛种植。亦可用于花境点缀。

适用地区：全国城市园林均可栽培。

（91）锦葵

学名：_Malva sinensis_。锦葵科锦葵属。

简要形态特征：二年生或多年生直立草本，高50～90cm，分枝多，疏被粗毛。叶圆心形或肾形，具5～7圆齿状钝裂片，长5～12cm，宽几相等，基部近心形至圆形。花3～11朵簇生；花紫红色或白色，直径3.5～4cm，花瓣5，匙形。花期5～10月份。

基本习性：喜光、喜湿，耐寒。

园林应用：观花。用于花境、庭院边角和路边等地，以条块状种植为主。

适用地区：我国大部分城市园林均可栽培应用，北方地区可作一年生栽培。

（92）海滨沼葵

学名：*Kosteletzkya virginica*。锦葵科沼葵属。

简要形态特征：一年生草本植物，高80～120cm；叶片五角形，长6～11cm，宽4～8cm，顶端长渐尖，边缘具钝锯齿或缺刻，叶脉掌状。花瓣5，粉红色，花径5～8cm，雄蕊柱黄色，花期6～7月份。

基本习性：喜光、喜湿润，略耐寒。

园林应用：观花。花色鲜艳、株型雅致，宜在建筑物旁、假山旁、路边绿地，花境和花坛等处应用，主要采用丛植和片植为主。

适用地区：我国华北南部以南地区可露地栽培，耐盐碱，亦可应用于盐碱土地区绿化。

（93）午时花

学名：*Pentapetes phoenicea*。锦葵科午时花属。

简要形态特征：一年生草本，高达1m。叶互生，线状披针形，长5～10cm，宽1～2cm，先端渐尖，基部宽三角形、圆或平截；花瓣5，红色。蒴果卵球形或近球形，径约1.2cm。花期8～11月份。

基本习性：喜光，喜湿，喜高温，不耐旱、不耐寒。

园林应用：观花。植于庭院、路边和花境中，亦可盆栽观赏，主要以丛植和片植为主。

适用地区：我国中亚热带以南地区，作为一年生草花栽培。

（94）黄蜀葵

学名：*Abelmoschus manihot*。锦葵科秋葵属。

简要形态特征：一年生或多年生草本，高1～2m。叶近圆形，掌状5～9深裂，径10～30cm。花单生于枝端叶腋；花梗长1～3cm；小苞片4～5；花冠漏斗状，淡黄色，内面基部紫色，径7～12cm，花瓣5。花期7～10月份。

基本习性：喜光，耐寒，略耐旱。

园林应用：观花。本种较高大，可用于建筑物前、花境背景处及墙边等处，丛植和片植为佳。

适用地区：我国北京以南地区城市园林均可栽培。

（95）箭叶秋葵

学名：*Abelmoschus sagittifolius*。锦葵科秋葵属。

简要形态特征：多年生草本，高达1m，具萝卜状肉质根。茎下部叶卵形，茎中部以上叶卵状戟形、箭形或掌状，3～5浅裂或深裂。花单生于叶腋。花梗长4～7cm；花冠红或黄色，径4～5cm，花瓣5。花期5～9月份。

基本习性：喜光，喜湿，耐寒，略耐旱。

园林应用：观花。本种多用于花境和花坛，亦可植于路边和林缘等处。片植或条状种植。

适用地区：我国华北以南各地均可栽培。

30.堇菜科

（96）紫花地丁

学名：*Viola philippica*。堇菜科堇菜属。

简要形态特征：多年生草本，无地上茎，高达14（～20）cm。根状茎短。基生叶莲座状。花紫堇色或淡紫色，稀白色，或侧方花瓣粉红色，喉部有紫色条纹；花瓣倒卵形或长圆状倒卵形。花果期3月中下旬至9月份。

基本习性：喜光也耐半阴，耐寒，耐旱。

园林应用：观花。可作为地被植物进行利用，亦可盆栽观赏。

适用地区：全国大部分城市园林均可应用。

（97）犁头草

学名：*Viola japonica*。堇菜科堇菜属。

简要形态特征：多年生草本，无地上茎和匍匐枝。根状茎粗短。叶多数，基生；叶片卵形、宽卵形或三角状卵形，稀肾状，长3～8cm，宽3～8cm。花淡紫色；花梗不高出于叶片。花期3～4月份。

基本习性：喜光，喜湿，耐半阴，略耐旱，略耐寒。

园林应用：观花。可用于花境、岩石园和路边，丛植和片植为主。

适用地区：我国华北南部及以南地区可露地栽培。

（98）三色堇

学名：*Viola tricolor*。堇菜科堇菜属。

简要形态特征：一、二生年或多年生草本，高15～30cm，地上茎伸长，具开展而互生的叶。基生叶长卵形或披针形，具长柄；茎生叶卵形。花径3.5～6cm，每花有紫、白、黄三色；花期秋季至来年春季。

基本习性：喜光，喜湿润，喜温，略耐寒。

园林应用：观花。主要用作地被、花境和岩石园等处，片植和条植最佳，亦可盆栽。

适用地区：我国长江以南地区可四季栽培，长江以北地区多夏季栽培。

（99）角堇菜

学名：*Viola cornuta*。堇菜科堇菜属。

简要形态特征：多年生草本植物。株高10～30cm。茎较短而直立，分枝能力强。花瓣5，花径2.5～4.0cm。花色丰富，花瓣有红、白、黄、紫、蓝等颜色，常有花斑，有时上瓣和下瓣呈不同颜色。花期秋季至来年5～6月份。

基本习性：喜光，喜湿，略耐寒。

园林应用：观花。主要种植在路边、花境等处，以片植和条植为主。

适用地区：我国长江以南露地越冬，常作一年生栽培。

（100）紫花堇菜

学名：*Viola grypoceras*。堇菜科堇菜属。

简要形态特征：多年生草本。根状茎短粗，褐色。基生叶心形或宽心形，先端钝或微尖，具钝锯齿；茎生叶三角状心形或卵状心形。花淡紫色，萼片披针形，花瓣倒卵状长圆形，下瓣距下弯。花期3～5月份，果期6～8月份。

基本习性：喜半阴湿润环境，耐寒。

园林应用：观花。种植于疏林下和林缘花境等处。片植为主。

适用地区：全国大部分城市园林均可种植。

31.西番莲科

（101）白时钟花

学名：*Turnera subulata*。西番莲科时钟花属。

简要形态特征：多年生亚灌木，株高40～80cm。叶椭圆形，长7～14cm，宽3～6cm，叶片互生，边缘有粗锯齿，叶片基部有一对腺体。春至夏季开花，近枝顶腋生，花冠白色，5瓣，中心黄至紫黑色。

基本习性：喜光，喜湿，喜高温，略耐阴，不耐寒。

园林应用：观花。可种植于道路两侧、庭园入口、花境和花坛等处，丛植为佳。

适用地区：我国亚热带南部地区露地栽培，其他地方温室越冬。

（102）时钟花

学名：*Turnera ulmifolia*。西番莲科时钟花属。

简要形态特征：多年生半灌木，株高30～60cm。叶互生，长卵形，先端锐尖，边缘有粗锯齿，叶片基部有一对明显的腺体；叶片长5～13cm，宽2～5cm。花近枝顶腋生；花冠金黄色，花瓣5，倒卵形；花径5～7cm，花期4～11月份。

基本习性：喜光，喜湿，喜高温，略耐阴，不耐寒。

园林应用：观花。应用于道路两侧、入口、花境和花坛等处，丛植和片植为佳。

适用地区：我国中亚热带以南地区可露地种植，其他地区温室栽培。

32.千屈菜科

（103）千屈菜

学名：*Lythrum salicaria*。千屈菜科千屈菜属。

简要形态特征：多年生草本，根茎横卧于地下，粗壮；茎直立，多分枝，高30～120cm，全株青绿。叶对生或三叶轮生，披针形或阔披针形，长4～6（～10）cm，宽8～15mm。花组成小聚伞花序，簇生；花瓣6，红紫色或淡紫色，花期6～10月份。

基本习性：喜光，喜湿，耐寒。

园林应用：观花。应用于水边、湿地和水中花坛，亦可用于花境，常丛植和片植，可盆栽于水缸中观赏。

适用地区：全国大部分城市园林均可应用。

（104）细叶萼距花

学名：*Cuphea hyssopifolia*。千屈菜科萼距花属。

简要形态特征：常绿小灌木，植株矮小，茎直立，高20～40cm，分枝多而密。叶片对生，线状披针形，长1～3cm，翠绿。花小，花单生于叶腋，花萼延伸为花冠状、高脚碟状，具5齿，齿间具退化的花瓣，花紫色、淡紫色、白色。花期6～12月份。

基本习性：喜光，喜湿，略耐阴，不耐寒。

园林应用：观花。适于花丛、花坛边缘、岩石园等处种植，可群植、丛植和片植，亦可作盆栽观赏。

适用地区：我国长江以南地区可露地栽培，其他地区盆栽。

33.野牡丹科

（105）虎颜花

学名：*Tigridiopalma magnifica*。野牡丹科虎颜花属。

简要形态特征：草本，茎极短，被红色粗硬毛。叶基生，膜质，心形，宽20～50cm，具不整齐啮蚀状细齿，具缘毛，基出脉9，侧脉平行，上面无毛，下面密被糠秕（即像米糠一样的鳞片）。蝎尾状聚伞花序腋生，长24～30cm；花5数；花瓣暗红色，宽倒卵形，偏斜，几成菱形，长约1cm。花期约11月份，果期3～5月份。

基本习性：喜温暖湿润环境，耐阴。

园林应用：观花、观叶。本种应用较少，在华南和西南部分地区植物园有栽培，宜植于阴湿的石壁和土坡旁。

适用地区：我国中亚热带以南地区可露地栽培，其他地区温室栽培。

（106）地菍

学名：*Melastoma dodecandrum*。野牡丹科野牡丹属。

简要形态特征：矮小灌木，高10～30cm；茎匍匐上升，逐节生根，分枝多。叶片卵形或椭圆形，3～5基出脉；花瓣淡紫红色至紫红色，菱状倒卵形。花期5～7月份，果期7～9月份。

基本习性：喜半阴，喜温，喜湿，不耐寒。

园林应用：观花、观叶。主要用作地被植物，用于岩石园、路边和花境等处，片植最佳。

适用地区：我国中亚热带以南地区露地栽培，其他地区可温室保护越冬。

（107）野牡丹

学名：*Melastoma malabathricum*。野牡丹科野牡丹属。

简要形态特征：草质灌木，高0.5～1.5m，分枝多；茎钝四棱形或近圆柱形。叶片坚纸质，卵形或广卵形，长4～10cm，宽2～6cm，全缘，7基出脉。伞房花序生于分枝顶端，近头状，有花3～5朵；花瓣玫瑰红色或粉红色，倒卵形，长3～4cm。花期5～7月份。

基本习性：喜温暖湿润环境，喜半阴。

园林应用：观花。用于花境、路边和阴湿地边，可孤植、片植或丛植，亦可盆栽。

适用地区：我国中亚热带以南地区可露地越冬。

（108）异药花

学名：*Fordiophyton faberi*。野牡丹科肥肉草属。

简要形态特征：草本或亚灌木。茎四棱形，在同一节上对生叶大小差别较大，倒卵形至稀披针形，先端渐尖，基部浅心形。聚伞花序或伞形花序顶生；花瓣红色或紫红色，长圆形。花期7～9月份。

基本习性：喜温暖阴湿环境，不耐严寒，怕热。

园林应用：观花。本种应用于疏林下、岩石旁和溪水边，丛植和片植均可。

适用地区：我国亚热带以南高海拔地区露地栽培。北方可盆栽观赏。

34.秋海棠科

（109）四季秋海棠

学名：*Begonia semperflorens*。秋海棠科秋海棠属。

简要形态特征：肉质草本，高15～30cm；茎直立，肉质，无毛，基部多分枝，多叶。叶卵形或宽卵形，长5～8cm，基部略偏斜，两面光亮，绿色。花淡红色或略带白色，数朵聚生于腋生的总花梗上。常年开花。

基本习性：喜光，喜温暖湿润，不耐寒。

园林应用：观花、观叶。主要种植于路边、花境和庭园各处。

适用地区：原产于巴西，我国各地均有栽培。

35.柳叶菜科

（110）美丽月见草

学名：*Oenothera speciosa*。柳叶菜科月见草属。

简要形态特征：多年生草本；茎常丛生，上升，长30～50cm，基生叶紧贴地面，倒披针形，长1.5～4cm，宽1～1.5cm，先端锐尖或钝圆；花瓣粉红色至紫红色，宽倒卵形，长6～9mm，宽3～4mm，先端钝圆。花期5～11月份。

基本习性：喜光，耐旱，耐瘠薄，略耐寒。

园林应用：观花。喜光植物，多用于岩石园、路边和花境等处，丛植和片植为佳。

适用地区：我国山东以南地区可露地栽培，北方作一年生栽培。

（111）山桃草

学名：*Gaura lindheimeri*。柳叶菜科山桃草属。

简要形态特征：多年生粗壮草本，常丛生；茎直立，高60～110cm，常多分枝，入秋变红色。叶无柄，椭圆状披针形或倒披针形，长3～9cm，宽5～11mm。花序长穗状，生于茎枝顶部；花瓣白色，后变粉红色，排向一侧。花期5～8月份。

基本习性：喜光，喜湿润气候，略耐寒。

园林应用：观花。用于花坛、花境、地被、盆栽、草坪点缀，多成片群植，也可用作庭院绿化。

适用地区：我国北京以南地区可露地栽培。

（112）紫叶山桃草

学名：*Gaura lindheimeri var . crimson*。柳叶菜科山桃草属。

简要形态特征：多年生宿根草本，株高80～130cm，全株具粗毛。分枝多。叶片紫色，披针形，先端尖，缘具波状齿3。穗状花序顶生，细长而疏散。花小而多，粉红色。花期5～11月份。

基本习性：喜光，喜湿，略耐寒。

园林应用：观花。全株呈现靓丽的紫色，花多且繁茂，婀娜轻盈。可用于花坛、花境，或作地被植物群栽。

适用地区：我国北京以南地区园林均可应用。

36.伞形科

（113）鸭儿芹

学名：*Cryptotaenia japonica*。伞形科鸭儿芹属。

简要形态特征：茎直立，有分枝，有时稍带淡紫色。基生叶或较下部的茎生叶具柄，3小叶，顶生小叶菱状倒卵形。花序圆锥状，花序梗不等长；伞形花序有花2～4，白色。花期4～6月份。

基本习性：喜半阴湿润环境，耐寒。

园林应用：观叶。可应用于湿润疏林下和湿润溪水旁。片植为主。

适用地区：我国北京以南地区均可种植。

（114）紫叶鸭儿芹

学名：*Cryptotaenia japonica* 'Atropurpurea'。伞形科鸭儿芹属。

简要形态特征：茎直立，有分枝，紫色或淡紫色。基生叶或较下部的茎生叶具柄，3小叶，顶生小叶菱状倒卵形，紫色。花序圆锥状，花序梗不等长；伞形花序有花2～4，紫色或淡紫色。花期4～6月份。

基本习性：喜阴湿环境，略耐寒。

园林应用：观叶。可用于湿润疏林下、水边湿地、花境、潮湿路边等处。丛植和片植为主。

适用地区：我国华北以南地区可栽培应用。

（115）香菇草

学名：*Hydrocotyle vulgaris*。伞形科天胡荽属。

简要形态特征：多年生挺水或湿生草本植物，蔓生，株高5～15cm，节上常生根。叶互生，具长柄，圆盾形，直径2～4cm，边缘波状，草绿色，叶脉15～20条，呈放射状。花两性；伞形花序近头状；小花白色。花期6～8月份。

基本习性：喜光，喜水湿，不耐寒。

园林应用：观叶。本种生长迅速，成形较快。常在水体岸边丛植、片植，可用于庭院水景造景。

适用地区：我国亚热带以南地区可露地栽培，北方地区可夏季栽培或者盆栽观赏。

37.报春花科

（116）金叶过路黄

学名：*Lysimachia nummularia*'Aurea'。报春花科珍珠菜属。

简要形态特征：多年生蔓性草本，常绿，株高3～5cm，枝条肉质，匍匐生长，长达60cm；单叶对生，圆形，基部心形，长约2cm，早春至秋季金黄色，冬季霜后略带暗红色；单花，尖端向上翻成杯形，亮黄色，花径约2cm。夏季6～7月份开花。

基本习性：喜光，耐旱，半耐寒。

园林应用：观叶。主要作地被植物栽培，用于花境边缘、路边、岩石园等处。丛植或片植为主。

适用地区：我国山东以南地区可露地越冬，山东以北地区作一年生地被植物栽培。

（117）点腺过路黄

学名：*Lysimachia hemsleyana*。报春花科珍珠菜属。

简要形态特征：多年生草本，茎匍匐，鞭状伸长，长达90cm，密被柔毛。叶对生。花单生于叶腋。花冠黄色，长6～8mm。花期4～6月份。

基本习性：半耐阴，喜温暖湿润气候，不耐寒。

园林应用：观花、观叶。主要作地被植物应用，亦可用于岩石园和石壁等处，作覆盖之用。

适用地区：我国亚热带以南可以露地越冬。

38.花葱科

（118）天蓝绣球

学名：*Phlox paniculata*。花葱科福禄考属。

简要形态特征：多年生草本，茎直立，高达1m。叶对生，有时3叶轮生，长圆形或卵状披针形，长7.5～12cm，先端渐尖，基部楔形，全缘；顶生伞房状圆锥花序。花冠淡红、红、白或紫色，冠筒长达3cm。花期6～9月份。

基本习性：耐寒，喜半湿润气候。

园林应用：观花。主要用于花坛、花境和花带。丛植和带状种植为主。

适用地区：我国中亚热带以北地区可露地栽培，南方可在温度低时栽培应用。

（119）针叶天蓝绣球

学名：*Phlox subulata*。花葱科福禄考属。

简要形态特征：多年生矮小草本。茎丛生，铺散，多分枝。叶对生或簇生于节上，钻状线形或线状披针形，长1～1.5cm，锐尖。花数朵生枝顶，呈简单的聚伞花序，花梗纤细，长0.7～1cm；花冠高脚碟状，淡红、紫色或白色，长约2cm。花期4～6月份。

基本习性：喜光，耐寒，耐旱。

园林应用：观花。多用于大面积地被栽培，亦可条植、片植于路边，丛植于花境和岩石园等处。

适用地区：我国中亚热带以北地区栽培较多。

39.白花丹科

（120）海石竹

学名：*Armeria maritima*。白花丹科海石竹属。

简要形态特征：多年生宿根草本，植株低矮，丛生状，株高20～30cm。叶基生，线状长剑形，全缘，深绿色；头状花序顶生，花为粉红色至玫瑰红色。花茎细长，约3cm，直立，小花聚生于花茎顶端，呈半圆球形。花期春季。

基本习性：喜冷凉湿润气候，耐寒。

园林应用：观花。植株低矮小巧，在园艺中有着广泛的应用，可用于花坛、花境和岩石庭院。

适用地区：我国大部分城市均可栽培。

（121）阔叶补血草

学名：*Limonium platyphyllum*。白花丹科补血草属。

简要形态特征：多年生常绿草本，高20～40cm。除花萼外各部均无毛。根粗壮，少分枝。叶片基生，长倒卵形，长10～20cm，宽5～8cm。花序蝎尾状，花小密集，蓝紫色，高出叶面。花期5～7月份。

基本习性：喜光，耐半阴，半耐寒。

园林应用：观叶、观花。主要应用于花境，亦可栽于岩石园等地。丛植为主。

适用地区：我国长江以南地区可露地栽培。

（122）白花丹

学名：*Plumbago zeylanica*。白花丹科白花丹属。

简要形态特征：常绿亚灌木。茎直立，高达3m，多分枝，蔓状。叶卵形，长（3～）5～8（～13）cm，先端渐尖，基部楔形，有时耳状。穗形总状花序具25～78花；花冠白或微带蓝色；花冠筒长1.8～2.2cm。花期10月份至翌年3月份。

基本习性：喜温暖湿润气候，不耐寒。

园林应用：观花。本种多用于疏林边、花境等处。采用片植为主。

适用地区：我国华南地区可栽培，北方地区多作一年生栽培。

（123）紫花丹

学名：*Plumbago indica*。白花丹科白花丹属。

简要形态特征：常绿多年生草本。茎柔弱，高达2m，常蔓生。叶硬纸质，窄卵形或窄椭圆状卵形。穗状花序具（20～）35～90花；花冠紫红色或深红色，花冠筒长2～2.5cm。花期11月份至翌年4月份。

基本习性：喜温暖湿润气候，不耐寒，喜光。

园林应用：观花。多用于花境、花坛和路边，片植和丛植为主。

适用地区：我国南亚热带地区可以露地栽培，北方地区盆栽或者夏季栽培。

（124）蓝花丹

学名：*Plumbago auriculata*。白花丹科白花丹属。

简要形态特征：常绿亚灌木，高约1m；多分枝，上端常呈蔓状。叶薄，菱状卵形、椭圆状卵形或椭圆形，长3～6（～7）cm。穗形总状花序具18～30花；花冠淡蓝色，花冠筒长3.2～3.4cm，冠檐径长2.5～3.2cm。花期12月份至翌年4月份。

基本习性：喜温暖湿润，喜光，喜肥沃土壤。

园林应用：观花。用于花境和疏林边片植。

适用地区：我国中亚热带以南地区露地栽培较多，北方可在夏季作一年生栽培。

40.夹竹桃科

（125）蔓长春花

学名：*Vinca major*。夹竹桃科蔓长春花属。

简要形态特征：常绿蔓性半灌木，茎偃卧，花茎直立。叶椭圆形，长2～6cm，宽1.5～4cm，先端急尖，基部下延；侧脉约4对；叶柄长1cm。花单朵腋生；花梗长4～5cm；花冠蓝色，花冠筒漏斗状。蓇葖长约5cm。花期3～7月份。

基本习性：喜阴湿，喜温。

园林应用：观花、观叶。主要用作疏林下地被应用，也可栽培于花境和花台，亦可盆栽悬垂观赏。

适用地区：我国山东以南地区露地栽培，山东以北地区盆栽或夏季栽培利用。

（126）花叶蔓长春花

学名：*Vinca major* 'Variegata'。夹竹桃科蔓长春花属。

简要形态特征：蔓性常绿半灌木，花茎直立。叶椭圆形，长2～5cm，宽2～4cm，先端急尖；叶片黄绿色，有白色斑块状斑纹，叶柄长1cm。花单朵腋生；花冠蓝色或蓝紫色，花冠筒漏斗状。花期3～6月份。

基本习性：喜光，喜温暖湿润，不耐寒。

园林应用：观花、观叶。本品种喜光耐热，多用于光照条件较好的花境、花坛和路边，常丛植、片植和条状种植。

适用地区：我国亚热带以南地区可露地栽培。

（127）红茎蔓长春花

学名：*Vinca major* 'Oxoniensis'。夹竹桃科蔓长春花属。

简要形态特征：蔓性常绿草本，茎红色或肉红色；叶宽卵形，基部宽楔形或近圆形，顶端急尖或圆钝，长3～6cm，宽2～5cm；叶片有黄色或红黄色斑块。花单生，花色淡紫或蓝紫色。花期4～6月份。

基本习性：喜光，耐半阴，喜湿润。

园林应用：观叶、观花。主要用于地被覆盖，亦可应用于岩石园、花境、花坛和盆栽悬垂，丛植为主。

适用地区：我国长江流域以南地区可露地栽培，以北地区盆栽观赏。

（128）长春花

学名：*Catharanthus roseus*。夹竹桃科长春花属。

简要形态特征：多年生草本或亚灌木状，高达1m。幼茎被微柔毛，叶草质，倒卵形或椭圆形。花冠红、粉红或白色，常具粉红、稀黄色斑，花冠筒长2.5～3cm，内面疏被柔毛，喉部被长柔毛。花期3～9月份。

基本习性：喜光，耐半阴，喜温暖湿润。

园林应用：观花。主要应用于花境、花坛等处，亦可盆栽，丛植和片植为主。

适用地区：我国华南和西南地区可露地越冬，北方地区多作一年生栽培。

41.紫草科

（129）聚合草

学名：*Symphytum officinale*。紫草科聚合草属。

简要形态特征：多年生丛生草本，高达90cm。主根粗壮，淡紫褐色。基生叶50～80片，基生叶及下部茎生叶带状披针形、卵状披针形或卵形，长30～60cm；花冠长约1.4cm，淡紫、紫红或黄白色。花期4～10月份。

基本习性：半耐阴，耐寒，喜湿润。

园林应用：观花。应用于花境、岩石园和道路两侧，主要以丛植和条状种植为主。

适用地区：全国城市园林均可栽培。

（130）梓木草

学名：_Lithospermum zollingeri_。紫草科紫草属。

简要形态特征：多年生匍匐草本。匍匐茎长可达30cm；茎直立，高5～25cm。基生叶有短柄，叶片倒披针形或匙形，长3～6cm，宽8～18mm。花序长2～5cm，有花1至数朵；花冠蓝色或蓝紫色，长1.5～1.8cm。花果期4～8月份。

基本习性：半耐阴，喜温暖湿润。

园林应用：观花。本种宜种植于疏林下、岩石旁。丛植为主。

适用地区：我国亚热带以南地区均可种植。

（131）玻璃苣

学名：*Borago officinalis*。紫草科玻璃苣属。

简要形态特征：一年生草本植物，株高可达120cm。整个植物是由粗糙、灰白色的刺毛所包裹。茎秆呈圆柱形。叶片深绿色。花蓝色，呈疏散的聚伞花序，具长柄。花期5～7月份。

基本习性：喜光，耐旱。

园林应用：观花。用于花境、花坛和路边等处，丛植和片植为主。

适用地区：我国大部分城市园林均可栽培。

42.马鞭草科

（132）柳叶马鞭草

学名：*Verbena bonariensis*。马鞭草科马鞭草属。

简要形态特征：多年生草本。株高100～150cm。聚伞花序，小花筒状，着生于花茎顶部，紫红色或淡紫色。叶为披针形，茎为正方形，全株有纤毛。花期5～9月份。

基本习性：喜光，耐旱，耐水湿，耐瘠薄。

园林应用：观花。主要用于花境和花海，亦可应用于花坛和花带；片植为主。

适用地区：我国长江以南地区可露地越冬，长江以北地区作一年生花卉栽培。

（133）美女樱

学名：*Glandularia × hybrida*。马鞭草科美女樱属。

简要形态特征：多年生草本，全株有细绒毛，植株丛生而铺覆地面，株高10～50cm，茎四棱；叶对生，深绿色；穗状花序顶生，密集呈伞房状，花小而密集，有白色、粉色、红色、复色等，具芳香。花期4～6月份。

基本习性：喜阳光，不耐阴，较耐寒，不耐旱。

园林应用：观花。主要作为地被植物进行应用，可用于花境、花坛、路边等处，片植为主。

适用地区：我国长江以南地区可露地栽培，北方作一年生栽培。

43.唇形科

（134）羽叶薰衣草

学名：*Lavandula pinnata*。唇形科薰衣草属。

简要形态特征：多年生草本，高30～60cm。叶片二回羽状深裂；叶对生，叶子表面覆盖粉状物，叶色灰绿。植株开展，管状小花深紫色，有深色纹路，具2唇瓣，上唇比下唇发达。花期11月份至来年5月份。

基本习性：喜光，夏季需要遮阳，耐旱。

园林应用：观花。本种主要用于花境和花海。片植和丛植。

适用地区：我国长江以南地区可露地栽培，北方可盆栽。

（135）法国薰衣草

学名：*Lavandula stoechas*。唇形科薰衣草属。

简要形态特征：多年生草本或小矮灌木。叶互生，灰绿色或灰白色，椭圆状披针形，叶缘反卷。穗状花序顶生，长15～20cm，上唇2裂，下唇3裂；花长约1.2cm，花蓝紫、深紫、粉红、白等色，常见的为蓝紫色。花期6～8月份。

基本习性：喜冷凉全日照的环境，忌高温潮湿，忌严寒。

园林应用：观花。主要应用于花境、岩石园等处。丛植和片植为主。

适用地区：我国北方和西南地区一些城市可栽培。

（136）齿叶薰衣草

学名：*Lavandula dentata*。唇形科薰衣草属。

简要形态特征：多年生中型直立灌木，长势较快，株高可达1m，株幅可达1m；叶灰绿色，线形至披针形，有齿裂，叶背有白色绒毛，叶缘是有规则的圆锯齿形；花穗少，短，淡紫色。花期9～11月份。

基本习性：喜冷凉气候，喜干燥。

园林应用：观花、观叶。用于花境和岩石园等处，丛植为主。

适用地区：我国海拔较高、冬季温度不低的城市园林。

（137）天蓝鼠尾草

学名：*Salvia uliginosa*。唇形科鼠尾草属。

简要形态特征：多年生草本植物，茎基部略木质化，株高30～100cm。茎四方形，分枝较多，有毛。叶对生，银灰色，长椭圆形，先端圆，长3～5cm。花冠唇形，轮生，开于茎顶或叶腋，花紫色或青色，有时白色，花期8月份。

基本习性：喜温暖、阳光充足的环境，耐寒，耐旱。

园林应用：观花。多用于花境，也可路边、墙边带状种植。

适用地区：我国华东以南地区可露地栽培，北方地区作一年生花卉栽培。

（138）蓝黑鼠尾草

学名：*Salvia guaranitica* 'Black and Blue'。唇形科鼠尾草属。

简要形态特征：多年生草本；分枝多，株形高大，可达1.5m以上。叶对生，卵圆形，全缘或具钝锯齿，色灰绿，质地厚，叶表有凹凸状织纹，具强烈芳香。花腋生，深蓝色或紫色。花期5～9月份。

基本习性：喜光，喜湿，不耐涝，略耐寒，喜肥水。

园林应用：观花。多用于花境背景材料，亦可应用于花坛和路边种植，种植于林缘和岩石园等处亦可。

适用地区：我国长江流域以南可露地栽培，长江以北地区多作一年生栽培。

（139）凤梨鼠尾草

学名：*Salvia elegans*。唇形科鼠尾草属。

简要形态特征：多年生草本，高40～60cm，叶对生，卵形，叶片边缘有锯齿。花序顶生，花多偏向一侧，花鲜红色，有凤梨味。花期6～10月份。

基本习性：喜光，喜湿润，略耐寒。

园林应用：观花。可用于花境、花坛和花带中；片植和丛植均可。

适用地区：我国长江以南地区可露地越冬栽培，北方地区可作一年生花卉栽培。

（140）墨西哥鼠尾草

学名：*Salvia leucantha*。唇形科鼠尾草属。

简要形态特征：多年生草本植物，株高约30～80cm。茎直立多分枝，茎基部稍木质化。叶片椭圆状披针形，对生，叶片表面具绒毛，有香气。轮伞花序，顶生，花紫色，具绒毛，白至紫色。花期秋季。

基本习性：喜光，喜湿润，喜肥沃土壤，略耐寒。

园林应用：观花。应用于花境、路边、墙边等处，亦可用于岩石园。以丛植和片植为主。

适用地区：我国华东地区以南可以露地栽培，北方地区盆栽或作一年生花卉栽培。

（141）草地鼠尾草

学名：*Salvia pratensis*。唇形科鼠尾草属。

简要形态特征：多年生草本，株高60～90cm；具块根，茎直立，少分枝，全株被柔毛。基生叶多，长圆状，具长柄，5～15cm，先端钝，基部心形。总状花序，6朵花轮生，萼片近无柄；花冠亮蓝色，偶有红色或白色，花期6～7月份。

基本习性：耐寒，喜光亦耐半阴，忌干热。在肥沃、深厚、排水良好的土壤上生长良好。

园林应用：用作花境、花坛背景材料，也可成丛或成片点缀林缘、路边、篱笆等处。

适用地区：我国华北、华东北部和西北地区可以应用。

（142）蓝花鼠尾草

学名：*Salvia farinacea*。唇形科鼠尾草属。

简要形态特征：多年生草本，高度30～60cm，呈丛生状。茎为四棱形，具毛，下部略木质化。叶对生，长椭圆形，长3～5cm，灰绿色，植株具香味。长穗状花序，长约12cm，花小，紫色，花量大。花期5～9月份。

基本习性：喜温暖、湿润和阳光充足环境，耐寒，怕炎热干燥。

园林应用：观花。应用于花坛、花境和园林景点的布置。也可点缀岩石旁、林缘空地等处。片植为主。

适用地区：我国长江以南地区可以露地栽培，北方地区作一年生花卉栽培。

（143）丹参

学名：*Salvia miltiorrhiza*。唇形科鼠尾草属。

简要形态特征：多年生直立草本；根肥厚，肉质。茎直立，高40～80cm，四棱形，密被长柔毛，多分枝。叶常为奇数羽状复叶，小叶3～5(7)。轮伞花序6花或多花，下部者疏离，上部者密集。花冠紫蓝色，长2～2.7cm。花期4～8月份。

基本习性：喜光，耐半阴，喜温暖湿润气候，耐寒，喜肥。

园林应用：观花。主要应用于花境、花坛等处，丛植和片植为主。

适用地区：我国华北及其以南地区可在园林中露地栽培。

（144）超级鼠尾草

学名：*Salvia* × *superba*。唇形科鼠尾草属。

简要形态特征：多年生草本，高40～70cm。茎四棱形；单叶对生，长卵圆形，基部心形，边缘具钝齿。圆锥状轮生花序顶生，花冠蓝紫色。花期6～8月份。

基本习性：喜光，喜温暖湿润环境。

园林应用：观花。本种多用于花境、花坛和园林景观中。亦可用于街道和岩石园。片植为佳。

适用地区：我国华北南部以南地区可以露地越冬栽培。

（145）朱唇

学名：*Salvia coccinea*，唇形科鼠尾草属。

简要形态特征：一年生草本，株高50～60cm，植株丰满，灌木状，叶长心形，深绿色，叶缘有钝锯齿。总状花序顶生，花色丰富，有红色、白色、复色等。花期6～10月份。

基本习性：喜光，喜温暖湿润环境，不耐寒，耐热和耐干旱性好。宜在肥沃沙壤土中生长。

园林应用：观花。用于花境、花坛，亦可种植于路边、道路间隔带等处。片植为主，丛植亦可。

适用地区：我国多数城市园林均可栽培。

（146）一串紫

学名：*Salvia splendens* 'Vista Purple'。唇形科鼠尾草属。

简要形态特征：一年生草本，高20～40cm。茎钝四棱形。叶卵圆形或三角状卵圆形。轮伞花序2～6花，组成顶生总状花序，花序长达10cm以上。苞片卵圆形，紫色。花冠紫色，长4～4.2cm。花期4～11月份。

基本习性：喜阳，耐半阴，喜疏松、肥沃和排水良好的沙质壤土。

园林应用：观花。用于花坛、花境和路边等处。条植、丛植和片植。

适用地区：我国夏热地区均可栽培。

（147）肾茶

学名：*Clerodendranthus spicatus*。唇形科肾茶属。

简要形态特征：多年生草本。茎直立，高1～1.5m，四棱形。叶卵形、菱状卵形或卵状长圆形。轮伞花序6花，在主茎及侧枝顶端组成具总梗长8～12cm的总状花序。花冠浅紫或白色。花、果期5～11月份。

基本习性：喜光，亦喜阴湿生长环境，不耐寒。

园林应用：观花。用于花境、林缘等处。丛植和片植为主。

适用地区：我国中亚热带以南城市园林可露地栽培。

（148）金疮小草

学名：*Ajuga decumbens*。唇形科筋骨草属。

简要形态特征：一或二年生草本，平卧或上升，具匍匐茎，茎长10～20cm，被白色长柔毛或绵状长柔毛。基生叶较多，较茎生叶长而大；茎生叶薄纸质。轮伞花序多花，排列成间断长7～12cm的穗状花序。花冠淡蓝色或淡红紫色，稀白色。花期3～7月份，果期5～11月份。

基本习性：喜光，略耐阴，喜温暖湿润气候，耐贫瘠。

园林应用：观叶、观花。可用于岩石园、花境等处。片植和丛植为主。

适用地区：我国长江流域以南地区城市园林可露地栽培。

（149）匍匐筋骨草

学名：*Ajuga reptans*。唇形科筋骨草属。

简要形态特征：多年生草本，高10～30cm，全株被白色长柔毛。茎方形，基部匍匐。叶对生，匙形或倒卵状披针形。轮伞花序有6～10朵花，排成间断的假穗状花序；花冠唇形，淡蓝色、淡紫红色或白色。花期3～7月份，果期5～11月份。

基本习性：喜光，略耐阴，喜温暖湿润气候。

园林应用：观叶、观花。应用于花境、花坛和岩石园等处。丛植和片植为主。

适用地区：我国长江流域以南地区可露地栽培，长江流域以北地区盆栽。

（150）韩信草

学名：*Scutellaria indica*。唇形科黄芩属。

简要形态特征：多年生草本；根茎短。茎高12～28cm，直立。叶草质至近坚纸质，心状卵圆形或圆状卵圆形至椭圆形。花对生，总状花序。花冠蓝紫色。花果期2～6月份。

基本习性：喜温暖湿润的半阴环境，稍耐旱，耐贫瘠。

园林应用：观花。用于花境、林缘和岩石园等处。丛植为主，片植效果更好。

适用地区：我国亚热带以南地区露地栽培。北方盆栽观赏。

（151）半枝莲

学名：*Scutellaria barbata*。唇形科黄芩属。

简要形态特征：多年生草本，根茎短粗。茎直立，高12～35（55）cm，四棱形。叶具短柄或近无柄；叶片三角状卵圆形或卵圆状披针形。花单生于茎或分枝上部叶腋内。花冠紫蓝色，花果期4～7月份。

基本习性：喜阴湿，略喜光，略耐寒，不耐旱。

园林应用：观花。应用于花境、花坛、路边和公园各处。片植为佳。

适用地区：我国华北以南地区可露地栽培。

（152）花叶薄荷

学名：*Mentha* × *gracilis* 'Variegata'。唇形科薄荷属。

简要形态特征：多年生草本，茎高30～60cm；茎方形，具毛。叶片对生，卵圆形或椭圆形，叶片表面皱缩，叶脉下陷，具黄色斑块。轮伞花序，花色淡紫或白色。花期7～9月份。

基本习性：喜光，耐半阴，喜湿，耐寒，不耐贫瘠。

园林应用：观叶、观花。应用于花境、水边湿地、花坛等处。丛植和片植均可。

适用地区：我国华北以南地区可露地栽培，其他地区盆栽观赏。

（153）美国薄荷

学名：*Monarda didyma*。唇形科美国薄荷属。

简要形态特征：一年生草本。茎近无毛。叶卵状披针形，长达10cm，先端渐尖或长渐尖，基部圆。轮伞花序组成径达6cm的头状花序。花冠紫红色，长约2.5cm。花期6～9月份。

基本习性：喜光，喜湿，耐寒，稍耐旱，耐瘠薄。

园林应用：观花。花朵鲜艳，花期长久。可栽种在林下、水池边，也可盆栽于室内。

适用地区：全国大部分城市园林均可栽培。

（154）拟美国薄荷

学名：*Monarda fistulosa*。唇形科美国薄荷属。

简要形态特征：一年生草本。茎钝四棱形，上部分枝，茎、枝均密被倒向白色柔毛。叶片披针状卵圆形或卵圆形，长达8cm或以上。轮伞花序多花，在茎、枝顶部密集成径达5cm的头状花序。花冠粉红色。花期6～7月份。

基本习性：喜光，喜湿，耐寒，喜肥。

园林应用：观花。应用于花境、花坛和路边等处。丛植和片植为主。

适用地区：我国大部分城市园林均可应用。

（155）薄荷

学名：*Mentha canadensis*。唇形科薄荷属。

简要形态特征：多年生草本。茎直立，高30～60cm。叶片长圆状披针形，椭圆形或卵状披针形，稀长圆形，长3～5（7）cm，宽0.8～3cm。轮伞花序腋生，轮廓球形。花冠淡紫或近白色。花期7～9月份，果期10月份。

基本习性：喜光，喜水湿，耐寒，耐瘠薄。

园林应用：观花。用于水边湿地绿化。片植最佳。

适用地区：全国城市园林均可栽培。

（156）假龙头花

学名：*Physostegia virginiana*。唇形科假龙头花属。

简要形态特征：多年生宿根草本。茎丛生而直立，四棱形，株高可达0.8m。单叶对生，披针形，亮绿色，边缘具锯齿。穗状花序顶生，长20～30cm。每轮有花2朵，花色淡紫红或白色。花期7～9月份。

基本习性：喜温，喜光，耐半阴，喜疏松肥沃、排水良好的沙质壤土，较耐寒，喜肥。

园林应用：观花。多用于花坛、花带和花境。片植和带状种植为主。

适用地区：我国山东以南地区露地栽培，北方地区可作一年生草花栽培。

（157）绵毛水苏

学名：_Stachys byzantina_。唇形科水苏属。

简要形态特征：多年生草本，高约60cm。茎直立，四棱形，密被灰白色丝状绵毛。基生叶及茎生叶长圆状椭圆形，长约10cm，宽约2.5cm。轮伞花序多花，向上密集组成顶生长10～22cm的穗状花序。花冠长约1.2cm，紫红色。花期7月份。

基本习性：喜冷凉气候，怕炎热，耐寒，耐旱。

园林应用：观叶、观花。多应用于花境、花坛和岩石园等处。丛植、片植和条状种植均可。

适用地区：我国华北以南地区均可栽培。

（158）地蚕

学名：*Stachys geobombycis*。唇形科水苏属。

简要形态特征：多年生草本，高40～50cm；根茎横走，肉质，肥大，在节上生出纤维状须根。茎直立，四棱形。茎叶长圆状卵圆形。轮伞花序腋生，4～6花，远离，组成长5～18cm的穗状花序。花冠淡紫至紫蓝色。花期4～5月份，部分单株9～10月份还可开花。

基本习性：喜温暖湿润气候，喜半阴，不耐寒。

园林应用：观花。应用于花境、林缘等处。丛植和片植均可。

适用地区：我国亚热带以南地区均可应用。

（159）针筒菜

学名：*Stachys oblongifolia*。唇形科水苏属。

简要形态特征：多年生草本，高30～60cm，有在节上生须根的横走根茎。茎直立或上升，或基部多少匍匐，锐四棱形。茎生叶长圆状披针形。轮伞花序通常6花，下部者稀疏，上部者密集组成长约5～8cm的顶生穗状花序。花冠粉红色或粉红紫色，花期5～6月份。

基本习性：喜半阴湿生长环境，不耐寒。

园林应用：观花。多用于林下、路边等处，片植最佳。

适用地区：我国暖温带以南地区城市园林可露地栽培。

（160）药水苏

学名：*Betonica officinalis*。唇形科药水苏属。

简要形态特征：多年生草本，高50～100cm。茎直立，钝四棱形。基生叶具长柄，宽卵圆形；茎生叶卵圆形。轮伞花序多花，密集成紧密的长4cm的长圆形穗状花序。花冠紫色，长约1.2cm。花期5月份。

基本习性：喜光，喜湿，耐半阴，耐寒。

园林应用：观花。可应用于花境、花坛，路边和墙边条植。

适用地区：我国华北以南地区均可露地种植。

（161）夏枯草

学名：*Prunella vulgaris*。唇形科夏枯草属。

简要形态特征：多年生草木；根茎匍匐。茎高20～30cm。茎叶卵状长圆形或卵圆形。轮伞花序密集组成顶生长2～4cm的穗状花序。花冠紫、蓝紫或红紫色。花期4～6月份，果期7～10月份。

基本习性：喜光，略耐阴，耐旱，耐寒。

园林应用：观花。多用于路边、草地边缘、近水湿地和林缘处绿化。丛植和片植。

适用地区：全国城市园林均可应用。

（162）活血丹

学名：*Glechoma longituba*。唇形科活血丹属。

简要形态特征：多年生草本，具匍匐茎，上升，逐节生根。茎高10～20（～30）cm，四棱形，基部通常呈淡紫红色，叶片心形。轮伞花序通常2花。花冠淡蓝色、蓝色至紫色。花期4～5月份。

基本习性：喜光，耐半阴，耐寒，不耐旱，耐瘠薄。

园林应用：观叶、观花。多用于路边草地、林缘、林下以及岩石园等处，作为早春地被植物来进行应用。

适用地区：全国城市园林均可应用。

（163）欧活血丹

学名：*Glechoma hederacea*。唇形科活血丹属。

简要形态特征：多年生蔓生草本，具匍匐茎，上升，逐节生根。茎高10～17cm，四棱形，基部通常为淡紫红色。叶草质，叶片近圆形，有波状齿，常有白色斑。聚伞花序2～4花，组成轮伞状。花冠紫色，长约1cm。花期5月份。

基本习性：喜冷凉气候，喜湿，耐寒。

园林应用：观叶、观花。用于岩石园和路边等处。片植最佳。

适用地区：我国长江流域以北地区可应用。

（164）藿香

学名：*Agastache rugosa*。唇形科藿香属。

简要形态特征：多年生草本。茎直立，高0.5～1.5m，四棱形，粗达7～8mm。叶心状卵形至长圆状披针形。轮伞花序多花，在主茎或侧枝上组成顶生密集的圆筒形穗状花序，穗状花序长2.5～12cm。花冠淡紫蓝色。花期6～9月份。

基本属习性：喜光，耐阴，喜湿润气候，亦耐干燥。喜肥沃土壤。

园林应用：观花。本种宜作花境背景材料，可种植在路边、林缘等处，亦可和景石搭配应用。丛植和片植均可。

适用地区：全国城市园林均可栽培。

（165）橙花糙苏

学名：*Phlomis fruticosa*。唇形科橙花糙苏属。

简要形态特征：多年生草本，高25～45cm。茎木质，具开展的分枝，灰白色，密被贴生星状绒毛。上部的叶卵形，基部叶圆楔形，叶上面灰绿色，具皱纹。轮伞花序1～2个生于茎顶部。花冠橙色，外面密被橙色星状柔毛。花期5～7月份。

基本习性：耐旱，略耐寒，喜光，喜肥。

园林应用：观花、观叶。多用于花境和花坛造景，亦可应用于岩石园等处，丛植和片植最佳。

适用地区：我国华东以南各地区可露地栽培。

44.旋花科

（166）马蹄金

学名：*Dichondra micrantha*。旋花科马蹄金属。

简要形态特征：多年生匍匐小草本，茎细长，节上生根。叶肾形至圆形。花单生叶腋；花冠钟状，较短至稍长于萼，黄色，花期8～9月份。

基本习性：喜光，喜湿，耐半阴，耐瘠薄，略耐寒。

园林应用：观叶。常用作草坪覆盖地面，也可用于岩石园等处。片植为主。

适用地区：我国长江流域以南地区园林均可应用。

（167）金叶番薯

学名：*Ipomoea batatas* 'Margarita'。旋花科番薯属。

简要形态特征：多年生草本植物。蔓生；叶心形，全缘或有分裂，叶黄绿色，具柄，嫩叶具绒毛；花单生或组成腋生聚伞花序或伞形至头状花序。花期7～8月份。

基本习性：喜光，喜湿，不耐旱，不耐寒，喜肥。

园林应用：观叶。作为地被材料用于绿地中，可用于花境、路边等处。亦可盆栽垂吊观赏。

适用地区：我国大部分城市园林均可应用。

45.茄科

（168）矮牵牛

学名：*Petunia × hybrida*。茄科牵牛属。

简要形态特征：多年生草本，多作一年生栽培。全株具黏毛，茎柔软，匍匐状。株高20～60cm。叶质柔软，卵形，全缘，近无柄。圆锥花序顶生，花冠漏斗形，先端具波状浅裂，白色、粉色、紫色等多种色彩。四季开花。

基本习性：喜温暖，不耐寒，干热的夏季开花繁茂；喜阳光充足；耐半阴；喜疏松、排水良好的微酸性土壤，忌积水雨涝。

园林应用：观花。优良的花坛和种植钵花卉，也可自然式丛植和片植，亦可作垂吊盆栽观赏。

适用地区：全国城市园林均可栽培应用。

（169）蛾蝶花

学名：*Schizanthus pinnatus*。茄科蛾蝶花属。

简要形态特征：一、二年生草本，全株疏生有微黏的腺毛。叶互生，1～2回羽状全裂，高50～100cm。圆锥花序顶生，花多数；花瓣5片，花冠3～4cm，平展，其中3片花瓣的基部为红色、紫色、堇色、白色，其上镶嵌着红色或紫色的脉纹或斑点，花瓣外沿有红色、艳粉色、淡紫色、白色等。花期4～7月份。

基本习性：喜凉爽气候，喜阳光充足，耐旱，要求疏松、肥沃、排水良好的沙质土壤。

园林应用：观花。是早春花坛和花境的优秀材料，也是极好的室内盆栽品种。

适用地区：我国大部分城市园林均可应用。

（170）龙珠

学名：*Tubocapsicum anomalum*。茄科龙珠属。

简要形态特征：一年生草本，全体无毛，高达1.5m。茎下部直径达1.5cm。叶薄纸质，卵形、椭圆形或卵状披针形。花（1～）2～6朵簇生，黄绿色，俯垂。浆果直径8～12mm，熟后红色。花果期8～10月份。

基本习性：喜光，喜半阴湿润生长环境，不耐寒，喜肥。

园林应用：观果。应用于潮湿的水边、林缘等处。片植最佳。

适用地区：我国华东地区以南可以露地栽培。

（171）珊瑚樱

学名：*Solanum pseudocapsicum*。茄科茄属。

简要形态特征：直立分枝小灌木，高达2m，全株光滑无毛。叶互生，狭长圆形至披针形。花多单生，很少成蝎尾状花序；花小，白色。浆果橙红色，直径1～1.5cm，萼宿存。花期初夏，果期秋末。

基本习性：喜温暖湿润的半阴环境，不耐寒，喜肥。

园林应用：观果。多用于林缘、林下及庭园半阴处。

适用地区：我国长江以南地区露地栽培，北方地区盆栽观赏。

46.玄参科

（172）毛地黄钓钟柳

学名：*Penstemon digitalis*。玄参科钓钟柳属。

简要形态特征：多年生草本，茎直立，高40～80cm；叶交互对生，无柄，卵形至披针形。花单生或3～4朵着生于叶腋总梗之上，呈不规则总状花序，花色有白、粉、蓝紫等色。花期4～7月份。

基本习性：喜光，喜湿，忌炎热干旱，耐寒，对土壤要求不严。

园林应用：观花。多用于花境、花坛、路边、林缘等处绿化。片植为主。

适用地区：我国大部分城市园林均可应用。

（173）天目地黄

学名：*Rehmannia chingii*。玄参科地黄属。

简要形态特征：多年生草本，植体被长柔毛，高30～60cm，茎单出或基部分枝。基生叶莲座状排列，叶片椭圆形。花单生，花冠紫红色，长5.5～7cm。花期3～5月份，果期5～6月份。

基本习性：喜温暖湿润气候，耐半阴，不耐寒。

园林应用：观花。本种多用于疏林边缘、沟边土坡、岩壁等处，亦可用于花境和岩石园。片植、丛植均可。

适用地区：我国长江流域以南地区可露地应用。

（174）地黄

学名：*Rehmannia glutinosa*。玄参科地黄属。

简要形态特征：多年生草本，体高10～30cm，密被灰白色多细胞长柔毛和腺毛。根茎肉质。叶通常在茎基部集成莲座状；叶片卵形至长椭圆形；花冠长3～4.5cm；内面黄紫色，外面紫红色。花果期4～7月份。

基本习性：耐寒，耐旱，耐瘠薄，喜光。

园林应用：观花。可用于光照条件好的各种绿地，花境、花坛、路边、岩石园等均可种植。片植为主。

适用地区：我国华北、西北和华东北部地区均可种植。

（175）穗花

学名：*Pseuddysimachion spicatum*。玄参科兔尾苗属。

简要形态特征：茎单生或数支丛生，高15～50cm。叶对生，茎基部的叶常密集聚生，有长达2.5cm的叶柄，叶片长矩圆形。花序长穗状；花冠紫色或蓝色，长6～7mm。花期7～9月份。

基本习性：喜冷凉气候，喜光，喜湿，怕酷热。

园林应用：观花。本种多用于花境、花坛。片植和丛植为主。

适用地区：我国长江以北地区城市园林可以种植，其他地区作为一年生花卉栽培。

（176）龙面花

学名：*Nemesia strumosa*。玄参科龙面花属。

简要形态特征：多年生草本，株高30～60cm，多分枝。叶对生，基生叶长圆状匙形、全缘，茎生叶披针形。总状花序着生于分枝顶端，长约10cm，伞房状。花瓣基部呈袋状。色彩多变，有白、淡黄白、淡黄、深黄、橙红、深红和玫紫等；喉部黄色，有深色斑点和须毛。花期3～6月份。

基本习性：喜冷凉气候，耐寒，喜光，喜肥。

园林应用：观花。高茎大花种可作切花；矮种适于盆栽，或用于花坛、花境。

适用地区：我国华东以北地区都可以露地栽培，热带地区可作春季花卉栽培。

47.紫葳科

（177）两头毛

学名：*Incarvillea arguta*。紫葳科角蒿属。

简要形态特征：多年生具茎草本，分枝，高达1.5m。叶互生，为1回羽状复叶。顶生总状花序，有花6～20朵。花冠淡红色、紫红色或粉红色，钟状长漏斗形，长约4cm。花期3～7月份，部分可开到11月份。

基本习性：耐寒，耐旱，怕潮湿多雨，喜光。

园林应用：观花。多应用于岩石园、郊野公园荒坡等处。片植、群植。

适用地区：我国海拔较高的城市园林可以应用。

48.爵床科

（178）蓝花草

学名：*Ruellia brittoniana*。爵床科芦莉草属。

简要形态特征：多年生草本，单叶对生，线状披针形。叶全缘或疏锯齿，叶长8～15cm，叶宽0.5～1.0cm。花腋生，花径3～5cm。花冠漏斗状，多蓝紫色，少数粉色或白色。花期3～10月份。

基本习性：喜光，喜温暖湿润气候，不耐寒，耐贫瘠，喜高温。

园林应用：观花。多用于花境、花带和花海景观布置。亦可应用于水边。丛植和群植俱佳。

适用地区：我国长江以南地区可露地越冬，北方地区作一年生栽培。

（179）九头狮子草

学名：*Peristrophe japonica*。爵床科观音草属。

简要形态特征：多年生草本，高20～60cm。叶卵状矩圆形。花序顶生或腋生于上部叶腋，由2～8（10）聚伞花序组成；花冠粉红色至微紫色，长2.5～3cm。花期8～9月份。

基本习性：喜光，略耐阴，略耐寒，喜湿润气候。

园林应用：观花。应用于林缘、路边和花境、花坛等处。丛植和片植均可。

适用地区：我国暖温带南部以南地区可以露地栽培。

（180）蛤蟆花

学名：*Acanthus mollis*。爵床科老鼠簕属。

简要形态特征：多年生草本。株高30～80cm，包括花序最高可达180cm。基部叶深裂，深绿，柔软，宽25～40cm。穗状花序长30～40cm，生花多达100朵；筒状花两性，白色或淡紫色。花期5～8月份。

基本习性：耐干旱，耐瘠薄，喜光，也耐半阴。

园林应用：观花、观叶。多用于花境、岩石园等处配置。孤植和丛植均可。

适用地区：我国冷凉气候地区种植生长较好。其他地区可作一年生花卉栽培。

（181）白金羽花

学名：*Schaueria flavicoma*。爵床科金羽花属。

简要形态特征：多年生草本，茎高150～180cm，叶片对生，纸质，卵状长圆形，顶部渐尖。节部膨大。大型圆锥花序顶生，苞片羽毛状，鲜黄色，花瓣白色。花期6～11月份。

基本习性：喜高温湿润气候，不耐寒，喜肥。

园林应用：观花。丛植于园林各处，亦可用于花境作为背景材料进行应用。丛植为主。

适用地区：我国南亚热带以南地区可露地栽培。

（182）白烛芦莉

学名：*Ruellia longifolia*。爵床科芦莉草属。

简要形态特征：多年生常绿草本，高40～200cm。叶片深绿色，具光泽，对生；叶片椭圆形，长6～12cm；圆锥花序顶生，苞片白色，花白色。花期6～11月份。

基本习性：喜温暖湿润气候，喜光，略耐阴，不耐寒。

园林应用：观花。可用于林缘、绿地边缘等处绿化之用。

适用地区：我国南亚热带可露地栽培。

（183）网纹草

学名：*Fittonia verschaffeltii*。爵床科网纹草属。

简要形态特征：多年生草本，呈匍匐状，叶片对生，卵圆形，表面直脉红色或银色，边缘平展或波状。花序直立，花小、黄色。花期4～6月份。本种品种较多，叶片呈各种色彩。

基本习性：喜高温高湿及半阴的环境，畏冷怕旱忌干燥，也怕渍水。

园林应用：观叶。多用于精品花境、花坛、组合花盆。也可用于岩石园等处，盆栽亦可。

适用地区：我国南亚热带和热带地区露地栽培。北方地区盆栽或者夏季应用于花境。

（184）赤苞花

学名：*Megaskepasma erythrochlamys*。爵床科赤苞花属。

简要形态特征：常绿半木质化灌木，高达3m。叶片宽椭圆形，长12～75cm，浅绿色，表面光滑，叶脉明显；顶生圆锥花序长30～70cm，苞片红色，颜色由浅红色至深红色甚至红紫色；花冠白色，二唇状，赤红色苞片花后宿存2个月。花期6～11月份。

基本习性：喜高温，不耐寒，喜光，耐半阴，喜排水良好疏松肥沃的沙壤。

园林应用：观花。应用于林缘、路边、水边、花境等处。丛植为主，片植亦可。

适用地区：我国热带、南亚热带地区适合栽培。

（185）叉花草

学名：*Diflugossa colorata*。爵床科叉花草属。

简要形态特征：多年生直立草本，多枝植物。茎和枝4棱形，光滑无毛。穗状花序构成疏松的圆锥花序，花单生于节上；花冠堇色，长3.5cm，冠管长1.5cm。花期秋季。

基本习性：喜高温湿润气候，喜光，耐半阴。

园林应用：观花。应用于花境、水边、坡地和林缘等处。丛植和群植。

适用地区：我国热带和南亚热带地区可露地栽培。

（186）花叶假杜鹃

学名：*Barleria lupulina*。爵床科假杜鹃属。

简要形态特征：常绿小灌木，高1.2m。叶长椭圆形或披针形，叶长5～8.5cm。穗状花序顶生或腋生；花黄色；苞片大；萼片4，成对，外面一对最大；花冠管长，5裂。蒴果。花期夏秋。

基本习性：喜光，喜温暖湿润气候，不耐寒。

园林应用：观花。可应用于光照充足的环境，墙边、路边、花坛、花境等处。

适用地区：我国热带地区可以露地栽培。长江以北地区盆栽。

（187）金脉爵床

学名：_Sanchezia speciosa_。爵床科黄脉爵床属。

简要形态特征：多年生常绿木本植物。株高可达150～200cm，叶片对生，无叶柄，椭圆形或阔披针形，长15～30cm，宽5～10cm，先端渐尖，基部宽楔形，叶缘有钝锯齿，叶片黄绿色，叶脉粗壮呈橙黄色。花黄色，管状，长4～5cm，簇生于短花葶上，每簇8～10朵，整个花簇被1对鲜红色的苞片包围。花期夏秋季，国内结果较少见。

基本习性：喜温暖湿润气候，喜光，喜酸性土壤，不耐寒，越冬温度5℃以上。

园林应用：观花、观叶。可用于园林绿地、庭院、对植、列植和孤植均可。亦可盆栽室内观赏。

适用地区：我国南亚热带和热带地区可露地栽培，其他地区盆栽越冬。

（188）银脉爵床

学名：*Kudoacanthus albonervosa*。爵床科银脉爵床属。

简要形态特征：常绿灌木状草本。叶对生，卵形或宽卵形，先端钝，基部宽楔形，叶片深绿色有光泽，叶面具有明显的白色条纹状叶脉，叶边有疏离波状齿或全缘，两面被疏柔毛。顶生圆锥花序，花簇金字塔形，苞片金黄色，花少；花冠长约5mm，花冠筒长2.5～3mm，花期夏秋季。热带地区全年可开花。

基本习性：喜光照充足、温暖湿润的环境，不耐寒，喜疏松肥沃的土壤。

园林应用：观叶、观花。可用于花境、花坛和绿化带绿化，亦可盆栽观赏。丛植和片植为主。

适用地区：我国南亚热带和热带地区可露地栽培。北方地区可盆栽、温室栽培。

（189）宽叶十万错

学名：*Asystasia gangetica*。爵床科十万错属。

简要形态特征：多年生草本，叶具叶柄，椭圆形，基部急尖，钝，圆或近心形，几全缘，长3～12cm，宽1～4（～6）cm，两面稀疏被短毛，总状花序顶生，花序轴4棱；小苞片2，着生于花梗基部。花色紫或粉红，花冠短，约长2.5cm。花期4～12月份，热带地区甚至全年开花。

基本习性：喜温暖湿润气候，喜光，略耐阴。喜肥沃土壤，亦耐贫瘠，适应性强。

园林应用：观花。主要应用于花境、道路两侧和花坛等处，亦可应用于岩石园。片植和丛植均可。

适用地区：我国南亚热带和热带地区可露地栽培，其他地区盆栽越冬。

（190）假杜鹃

学名：*Barleria cristata*。爵床科假杜鹃属。

简要形态特征：小灌木，高达2m。叶片纸质，椭圆形、长椭圆形或卵形，长3～10cm，宽1.3～4cm，全缘，叶腋内通常着生2朵花。短枝有分枝，花在短枝上密集。花冠蓝紫色或白色，2唇形。花期11～12月份。

基本习性：喜温暖湿润气候，喜半阴，耐干燥，适应性较强。

园林应用：观花。可用于花境和花坛，丛植最佳。

适用地区：我国南亚热带和热带地区可露地栽培，其他地区盆栽越冬。

（191）金蔓草

学名：*Peristrophe hyssopifolia* 'Aureo-variegata'。爵床科观音草属。

简要形态特征：常绿蔓性草本，长30～60cm，叶对生，卵状披针形或披针形。叶面中央有明显放射状金黄彩斑。花1～3朵生于茎顶端叶腋，紫色。夏秋季开花。

基本习性：喜光，喜温暖湿润气候，不耐寒。喜深厚肥沃土壤。

园林应用：观叶、观花。用于花境、岩石园、水边景观和其他园林布置。丛植和片植均可。

适用地区：我国南亚热带以南地区可露地栽培，北方夏季栽培或温室观赏。

（192）枪刀药

学名：*Hypoestes purpurea*。爵床科枪刀药属。

简要形态特征：多年生草本或亚灌木，高达0.5m；茎直立或外倾，下部常膝曲状。叶卵形或卵状披针形。花序穗状，腋生，直立，长1～2cm，紧密，头状花序位于总轴的一侧；花冠紫蓝色。花期10～11月份。

基本习性：喜光，喜高温高湿环境，不耐旱，喜富含腐殖质、排水良好的酸性土壤。

园林应用：观花。主要应用于路边花境、花坛及园林绿地各处，片植为主。

适用地区：我国南亚热带地区可露地栽培。

（193）斑叶枪刀药

学名：*Hypoestes sanguinolenta*。爵床科枪刀药属。

简要形态特征：多年生常绿草本植株。株高20～30cm。单叶对生，卵形至长卵形，长5～7.5cm，宽5cm，全缘，叶面密布艳丽的红色或粉红色斑点。花唇形，花冠粉红色，喉部白色，腋生。秋末冬初开花。

基本习性：喜温暖湿润环境，喜光，喜肥沃土壤。

园林应用：观叶、观花。用于花境和花坛，路边列植等多种利用方式，片植为主。

适用地区：我国南亚热带和热带地区可露地栽培，其他地区盆栽越冬。

（194）板蓝

学名：*Baphicacanthus cusia*。爵床科马蓝属。

简要形态特征：多年生草本，茎直立或基部外倾。稍木质化，高约1m。叶柔软，纸质，椭圆形或卵形，长10～20（～25）cm，宽4～9cm，顶端短渐尖，基部楔形。穗状花序直立，花紫色。花期11月份。

基本习性：喜温暖湿润的半阴环境，喜深厚肥沃土壤。不耐寒。

园林应用：观花。路边和庭园角落片植最佳，亦可应用于湿润的岩石园。

适用地区：我国热带地区可露地栽培，其他地区温室越冬。

（195）球花马蓝

学名：*Strobilanthes dimorphotricha*。爵床科马蓝属。

简要形态特征：多年生草本。茎高达1m多，近梢部多作"之"字形曲折。叶不等大，椭圆形，椭圆状披针形。花序头状，近球形。花冠紫红色，长约4cm。蒴果长圆状棒形，长14～18mm，有腺毛。种子4粒，有毛。花期9～10月份。

基本习性：喜温暖湿润气候，喜阴，不耐干旱，不耐寒。喜肥沃土壤。

园林应用：观花。用于林缘、路边及花境背景。片植最佳。

适用地区：我国长江以南均可种植。

（196）少花马蓝

学名：*Strobilanthes oligantha*。爵床科马蓝属。

简要形态特征：多年生草本，高40～50cm，茎基部节膨大膝曲。叶片宽卵形至椭圆形，长4～7(～10)cm，宽2～4cm。花数朵集生成头状的穗状花序；花紫色。花期9～11月份。

基本习性：喜温暖湿润气候，喜半阴，略耐干旱，耐瘠薄。

园林应用：观花。用于疏林下和花境绿化。片植最佳。

适用地区：我国亚热带以南地区可露地应用。

（197）十字爵床

学名：*Crossandra infundibuliformis*。爵床科十字爵床属。

简要形态特征：草本状常绿小灌木，株高15～40cm。叶对生，阔披针形，全缘或波状，叶面平滑，浓绿有光泽；春末至初冬均能开花，花序密，短穗状，腋出。花瓣5裂，二唇状，肉色、橙红色及黄色。花期夏、秋季。

基本习性：喜湿润，耐阴，全日照、半日照或稍荫蔽均能成长，以半日照为好。喜疏松、肥沃及排水良好的中性及微酸性土壤。

园林应用：观花。多作草本植物栽培，可应用于花境、花坛和岩石园等处。丛植、片植均可。

适用地区：我国热带地区均可露地栽培，北方地区夏季可室外栽培。

（198）珊瑚花

学名：*Jatropha multifida*。爵床科珊瑚花属。

简要形态特征：常绿灌木或小乔木，高2～3m。叶近圆形，宽10～30cm，掌状9～11深裂。圆锥花序顶生，总梗长13～20cm，花梗短，花密集；花瓣5枚，匙形，红色，长约4mm。花期7～12月份。

基本习性：全日照或半日照。喜湿，稍耐干燥。不耐寒。喜疏松、肥沃的微酸性土壤。

园林应用：观花。植于墙边、路边及庭园各处，亦可用于大型绿地。以丛植为主。

适用地区：我国南亚热带以南地区可露地栽培，北方温室栽培或盆栽。

（199）山壳骨

学名：*Pseuderanthemum latifolium*。爵床科山壳骨属。

简要形态特征：多年生草本，高达1m。茎上部被毛；老枝节膨大。叶椭圆形，长11.5～12cm。总状花序长达30cm，常簇生穗状；花冠淡紫色，高脚碟形，长约2cm。花期秋季。

基本习性：喜温暖湿润气候，喜半阴环境，不耐寒。

园林应用：观花、观叶。应用于路边、墙边和各类绿地，可作为绿篱栽培。丛植和片植为主。

适用地区：我国南亚热带地区可露地栽培，北方地区温室栽培。

（200）虾衣花

学名：*Justicia brandegeana*。爵床科麒麟吐珠属。

简要形态特征：多分枝的草本，高20～50cm。叶卵形，长2.5～6cm。穗状花序紧密，稍弯垂，长6～9cm；苞片砖红色，长1.2～1.8cm，被短柔毛；萼白色，长约为冠管的1/4；花冠白色。花期夏秋季。

基本习性：喜温暖湿润，喜光也较耐阴，不耐寒。喜深厚肥沃土壤。

园林应用：观花。应用于各类园林绿地，多作为小型花灌木来使用。丛植和片植均可。

适用地区：我国南亚热带露地栽培，其他地区盆栽。

（201）金苞花

学名：*Pachystachys lutea*。爵床科单药花属。

简要形态特征：常绿亚灌木，高30～50cm，茎节膨大，叶对生，长椭圆形，有明显的叶脉，穗状花序生于茎顶，苞片层层叠叠，黄色，花冠二唇裂，小，白色，形似虾体。春秋开花，

基本习性：喜光，喜温暖湿润气候，喜深厚肥沃土壤。不耐寒。

园林应用：观花。适作会场、厅堂、居室及阳台装饰。南方用于布置花坛。

适用地区：我国热带地区室外栽培，其他地区盆栽或温室栽培。

（202）紫云杜鹃（疏花山壳骨）

学名：*Pseuderanthemum laxiflorum*。爵床科山壳骨属。

简要形态特征：常绿灌木，株高20～50cm，分枝较多。叶对生，长椭圆形或披针形，顶端渐尖，基部楔形，全缘。花长筒状，腋生，先端5裂，紫红色。花期夏、秋。

基本习性：中性植物，偏阳性。性喜高温、湿润、向阳或荫蔽。不耐寒。

园林应用：观花。适合庭园绿篱，丛植或盆栽，亦可应用于花境、花坛。

适用地区：我国华南等热带地区露地栽培，其他地区盆栽观赏。

（203）金叶拟美花

学名：*Pseuderanthemum carruthersii var teticulatum*。爵床科山壳骨属。

形态特征：草本或亚灌木。叶全缘或有钝齿，新叶通常带黄色。花在花序上对生，花无梗或具极短的花梗，组成顶生或腋生的穗状，花色白，带粉红，花心部分粉色或紫色。花期秋季。

基本习性：喜光，耐热，喜温暖湿润气候，不耐寒。喜肥。

园林用途：用于各类绿地，路边、花境、墙壁、水边等处，丛植和孤植均可。

适用地区：我国热带地区。

49.血草科

（204）鸠尾花

学名：*Xiphidium caeruleum*。血草科鸠尾花属。

简要形态特征：多年生常绿草本。根状茎粗壮。叶基生，黄绿色，稍弯曲，中部略宽，宽剑形，长15～40cm。花茎光滑，高20～40cm，圆锥花序顶生，花多数，花色白，花小。花期秋季。

基本习性：喜温暖湿润气候，耐阴，不耐寒，对土壤要求不严。

园林应用：观花。主要作为地被植物来进行应用，亦可应用于花境。丛植和片植。

适用地区：我国热带地区可露地栽培，其他地区室内越冬。

50.苦苣苔科

（205）艳斑苣苔

学名：*Kohleria bogotensis*。苦苣苔科艳斑岩桐属。

简要形态特征：多年生草本植物。株高10～50cm，全株具细毛。叶色具多种色彩，叶长椭圆形，边缘有锯齿。花腋生，花冠筒状，花径1～3cm，花瓣上有斑点及放射性的线条，花色有绿、粉红、红、橘黄等。花期为春至秋季。

基本习性：喜温暖湿润气候，喜半阴的生长环境。

园林应用：少数庭院可用于石头边、花境等处，多数用于盆栽观赏。

适用地区：我国热带地区可露地栽培，北方地区盆栽。

（206）美丽口红花

学名：*Aeschynanthus speciosus*。苦苣苔科芒毛苣苔属。

简要形态特征：常绿小灌木或蔓性植物。茎长可达30～80cm。叶椭圆形或倒卵状椭圆形，对生，稍带肉质，叶面浓绿色，叶背浅绿色。花序顶生或近顶生，花萼筒状，绿色。花冠筒橙红色。花期冬季。盆栽植株花期不定。

基本习性：喜半阴环境，喜温暖湿润环境，需通风良好。喜肥沃疏松透气土壤。

园林应用：园林中多用于盆栽观赏，也可少数用于岩石园。

适用地区：我国热带地区栽培较多，其余地区多盆栽。

（207）喜荫花

学名：*Episcia cupreata*。苦苣苔科喜荫花属。

简要形态特征：多年生常绿草本植物。植株矮，高仅十几厘米，多具匍匐性，分枝多。叶对生，呈椭圆形，深绿色或棕褐色，边缘有锯齿，基部心形；叶面多皱并密生茸毛。花单生或呈小簇生于叶腋间，亮红色，花期春季至秋季。果期秋季。

基本习性：喜温暖、湿润及半阴的环境。宜高湿和通风良好的环境；忌强光直射。不耐寒。喜疏松透气、排水良好的土壤。

园林应用：观叶、观花。多用于庇荫的假山石上栽培，盆栽适合阳台、窗台及案头摆放观赏。

适用地区：我国热带地区可室外栽培，北方多盆栽观赏。

51.车前科

（208）紫叶大车前

学名：*Plantago major* 'Rubrifolia'。车前科车前属。

简要形态特征：多年生宿根草本。根茎短缩肥厚，密生须状根。无地上茎，叶全部基生，叶片紫色，薄纸质，卵形至广卵形，边缘波状，叶基向下延伸到叶柄，长7～18cm，宽5～9cm。穗状花序，花小，花冠白色，不显著。花期春、夏、秋三季。

基本习性：喜向阳、湿润的环境，耐寒，耐旱，耐湿。对土壤要求不严。

园林应用：观叶。多用于花境等处，亦可应用于岩石和各种小生境种植，片植为主。

适用地区：我国大部分城市园林均可栽培。

52.桔梗科

（209）沙参

学名：*Adenophora stricta*。桔梗科沙参属。

简要形态特征：多年生草本，茎高40～80cm。基生叶心形，大而具长柄；茎生叶无柄。花序常不分枝而成假总状花序；花冠宽钟状，蓝或紫色。花期8～10月份。

基本习性：喜温暖或凉爽气候，耐寒，略耐干旱，喜土层深厚肥沃、富含腐殖质、排水良好的沙质壤土。

园林应用：观花。本种多用于药草园景观，现在少数花境也有应用。丛植或片植为佳。

适用地区：我国华东和华中可以露天种植。

（210）石沙参

学名：*Adenophora polyantha*。桔梗科沙参属。

简要形态特征：多年生草本，高20～100cm。基生叶叶片心状肾形，边缘具不规则粗锯齿，基部沿叶柄下延；茎生叶完全无柄。花序常不分枝而成假总状花序；花冠紫色或深蓝色，钟状。花期6～9月份。

基本习性：喜温暖湿润气候，喜光，略耐干旱，喜肥沃土壤。

园林应用：观花。药草园应用较多，可用于花架，片植于疏林边或林下。

适用地区：我国亚热带以北地区城市园林均可露地栽培。

（211）荠苨

学名：*Adenophora trachelioides*。桔梗科沙参属。

简要形态特征：多年生草本，茎单生，高40～120cm。基生叶肾形，宽超过长；茎生叶心形。花序分枝大多长而几乎平展，组成大圆锥花序；花冠钟状，蓝色、蓝紫色或白色。花期7～9月份。

基本习性：喜光，喜湿润气候，耐寒，喜深厚肥沃土壤。

园林应用：观花。本种粗壮高大，花大，可栽培于疏林下、墙边、花境背景等处。片植最佳。

适用地区：我国中亚热带以北城市园林均可栽培。

（212）华东杏叶沙参

学名：*Adenophora petiolata* subsp. *Huadungensis*。桔梗科沙参属。

简要形态特征：多年生草本，茎高60～120cm，不分枝。茎生叶近无柄或仅茎下部的叶有很短的柄，极少数叶柄可长达1.5cm的。花萼裂片较窄无毛或稍有白色短硬毛。花序分枝长，常组成大而疏散的圆锥花序；花冠钟状，蓝色、紫色或蓝紫色，花期7～9月份。

基本习性：喜温暖湿润气候，喜半阴，亦可全光照；略耐寒，喜深厚肥沃土壤。

园林应用：观花。多用于花境背景材料，也可用于药草园。丛植和片植均可。

适用地区：我国亚热带以南均可种植。

（213）桔梗

学名：*Platycodon grandiflorus*。桔梗科桔梗属。

简要形态特征：多年生草本，茎高30～120cm。叶全部轮生，部分轮生至全部互生。花单朵顶生，或数朵集成假总状花序；花冠大，蓝色或紫色。花期7～9月份。

基本习性：喜光，耐寒，耐旱，耐瘠薄。

园林应用：观花。应用于花境和花坛，亦可片植于疏林下、路边和绿化荒地。

适用地区：全国城市园林均可应用。

53.菊科

（214）银香菊

学名：*Santolina chamaecyparissus*。菊科银香菊属。

简要形态特征：常绿多年生草本，株高50cm，枝叶密集，新梢柔软，具灰白柔毛，叶银灰色，在遮阴和潮湿环境叶片淡绿色。花序头状，花黄色。花期6～7月份。

基本习性：喜光，忌土壤湿涝，耐热、耐干旱、耐瘠薄、耐高温、耐修剪。

园林应用：运用于花境、岩石园、花坛、低矮绿篱。也可栽于树坛边缘。

适用地区：全国大部分地区可露地栽培，作一年生草花栽培较多。

（215）高加索蓝盆花

学名：*Scabiosa caucasica*。菊科蓝盆花属。

简要形态特征：多年生草本。茎高20～50cm，通常被短柔毛或光滑。叶片披针形；茎生叶1～3对，对生；头状花序在总梗顶端单生，开花时径3～4cm；花冠玫瑰紫色。花期5～8月份。

基本习性：喜冷凉气候，喜湿润，耐半阴，耐贫瘠。

园林应用：观花。多用于花境和花坛，亦可在种植槽内栽培，应用于岩石园和药草园也非常合适。

适用地区：我国北方城市园林可露地栽培，南方地区作一年生栽培。

（216）蓍

学名：*Achillea millefolium*。菊科蓍属。

简要形态特征：多年生草本。茎直立，高40～100cm。叶无柄，披针形、矩圆状披针形或近条形。头状花序多数，密集成直径2～6cm的复伞房状；舌片近圆形，白色、粉红色或淡紫红色。花果期7～9月份。

基本习性：喜阳光充足的环境，也耐半阴，耐寒性强；不择土壤。

园林应用：观花。是园林中的多用途花卉，可用于花境、花坛、路边、林缘和各类荒地。

适用地区：我国除高湿多雨地区外，大部分城市均可应用。

（217）野菊

学名：*Chrysanthemum indicum*。菊科菊属。

简要形态特征：多年生草本，高0.25～1m。茎直立或铺散。基生叶和下部叶花期脱落。中部茎叶卵形、长卵形或椭圆状卵形。头状花序直径1.5～2.5cm，多数在茎枝顶端排成疏松的伞房圆锥花序或少数在茎顶排成伞房花序。花期6～11月份。

基本习性：喜光，耐旱，耐寒，耐瘠薄。不择土壤。

园林应用：观花。主要应用于林缘、疏林下、岩石园和贫瘠裸地。丛植和片植。

适用地区：我国除潮湿多雨地区外，其余城市园林均可应用。

（218）蛇鞭菊

学名：*Liatris spicata*。菊科蛇鞭菊属。

简要形态特征：多年生草本花卉植物，地上茎直立。基生叶线形，长达30cm。头状花序排列成密穗状，长60cm，头状花序聚集成长穗状花序。花色淡紫和纯白两种。花期7～8月份。

基本习性：耐寒，耐水湿，耐贫瘠，喜光，喜冷凉气候。土壤要求疏松肥沃、排水良好沙壤土。

园林习用：观花。适宜布置花境或路旁带状栽植，庭院自然式丛植。

适用地区：我国亚热带以北地区城市均可栽培。

（219）花叶马兰

学名：*Kalimeris yomena* 'Shogun'。菊科马兰属。

简要形态特征：多年生草本，高达60cm。叶互生，倒卵形，边缘有粗大锯齿，略下延。头状花序单生于枝端并排列成疏伞房状。花紫色或淡紫色。花期6～10月份。

基本习性：喜光，耐寒，耐旱也喜湿，耐瘠薄，喜湿润的中性土壤。

园林应用：观叶、观花。主要用于花境、路边和岩石园等处，片植最佳。

适用地区：我国除热带外的其余地区均可应用。

（220）银蒿

学名：*Artemisia austriaca*。菊科蒿属。

简要形态特征：多年生草本，有时成半灌木状。主根木质，斜向下。茎直立，多数，高15～50cm。茎下部叶与营养枝叶卵形或长卵形，三回羽状全裂。头状花序卵球形或卵钟形，排成密穗状花序，花期9～10月份。

基本习性：耐寒，耐旱，耐贫瘠，不耐水湿和高温。

园林应用：观叶。多用于花境和岩石园。丛植。

适用地区：我国干旱少雨地区应用比较适合，其他地区可短期栽培应用。

（221）蜂斗菜

学名：*Petasites japonicus*。菊科蜂斗菜属。

简要形态特征：多年生草本，根状茎平卧，有地下匍枝，雌雄异株。基生叶具长柄，叶片圆形或肾状圆形，长、宽15～30cm，不分裂。头状花序多数（25～30），在上端密集成密伞房状；花冠白色。花期4～5月份。

基本习性：喜温暖湿润气候，喜光，耐半阴，喜肥沃土壤。

园林应用：观叶、观花。多应用于溪流两侧、潮湿疏林下和路边。丛植和片植俱佳。

适用地区：我国华东、华中和西南地区均可在园林中栽培应用。

（222）大丽花

学名：*Dahlia pinnata*。菊科大丽花属。

简要形态特征：多年生草本，有巨大棒状块根。茎直立，多分枝，高1.5～2m，粗壮。叶1～3回羽状全裂。头状花序大，有长花序梗，常下垂。舌状花1层，多种颜色。花期4～12月份。

基本习性：喜光，喜温暖湿润气候，不耐寒，喜深厚肥沃土壤。

园林应用：观花。应用于花境、花坛、路边等处，丛植和片植均可。

适用地区：我国大部分城市均可栽培应用。北方冬季需室内越冬。

（223）佩兰

学名：*Eupatorium fortunei*。菊科泽兰属。

简要形态特征：多年生草本，高40～100cm。茎直立，绿色或红紫色。头状花序多数在茎顶及枝端排成复伞房花序，花序径3～6（10）cm。总苞钟状。花果期7～11月份。

基本习性：喜光，耐旱，略耐寒，不择土壤。

园林应用：观花。多用于药草园、花境和林缘片植。

适用地区：我国暖温带以南地区均可露地栽培应用。

（224）朝雾草

学名：*Artemisia schmidtiana*。菊科蒿属。

简要形态特征：多年生草本，有时成半灌木状。主根木质，斜向下。茎直立，多数，高15～50cm；茎、枝、叶两面及总苞片背面密被银白色、淡灰黄色略带绢质的绒毛。

基本习性：喜光、耐热，耐旱，是优良的镶边植物。

园林用途：观叶。叶纤细，银灰绿色，是极好的镶边及地被植物，可用在花坛或花境中。

适用地区：我国亚热带以北的城市园林可应用。

（225）金球菊

学名：*Ajania pacifica*。菊科亚菊属。

简要形态特征：多年生草本。株高10～25cm，叶倒卵形至长椭圆形，先端钝，叶缘有灰白色钝锯齿，叶面银绿色。花顶生，花序呈小球形，黄色。花期秋季。

基本习性：喜温暖和阳光充足环境，耐寒，稍耐阴，肥沃、疏松和排水良好的沙质壤土。

园林应用：观叶、观花。主要应用于花境、花坛、花带等。丛植和片植。

适用地区：我国大部分城市园林均可栽培，常作为一年生花卉应用。

（226）黄金菊

学名：*Euryops pectinatus*。菊科黄蓉菊属。

简要形态特征：多年生灌木状草本，高40～120cm，茎直立，多分枝。叶互生，倒卵状椭圆形，羽状深裂。聚伞花序生于枝顶，花黄色，直径4～7cm。花期夏秋季。

基本习性：喜光，喜温暖湿润气候，略耐旱，不耐寒。喜肥沃土壤。

园林应用：观花。多用于花坛、花境和花带。丛植和片植。

适用地区：我国长江流域以南各地均可栽培。

（227）白晶菊

学名：*Chrysanthemum paludosum*。菊科白晶菊属。

简要形态特征：二年生草本花卉，株高15～25cm，叶互生，一至两回羽裂。头状花序顶生，盘状，舌状花银白色，筒状花金黄色，花径3～4cm。盛花期3～5月份。

基本习性：喜光，喜温暖湿润气候，不耐寒。喜肥沃深厚土壤。

园林应用：观花。花期早，多花，花期长，适合盆栽、组合盆栽或早春花坛。

适用地区：我国华东以南地区可露地栽培，北方地区作一年生花卉栽培。

（228）短舌匹菊

学名：*Pyrethrum parthenium*。菊科匹菊属。

简要形态特征：多年生草本，高15～50cm。茎生叶花期枯萎。中上部茎叶卵形，长5～7cm，宽4～4.5cm，二回羽状分裂。头状花序多数，在茎枝顶端排成复伞房花序。舌状花白色或稍染红色。花果期7～8月份。

基本习性：喜光，稍耐阴，耐旱，耐寒，不耐湿。

园林应用：观花。多作一年生草花栽培，用于各类绿地和造型。亦可应用于花境等处。

适用地区：我国华北地区以南均可露地栽培，南方湿热城市慎用。

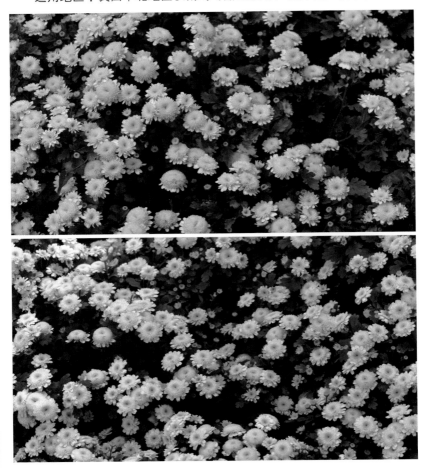

（229）南非万寿菊

学名：*Osteospermum ecklonis*。菊科骨子菊属。

简要形态特征：多年生常绿草本，高20～50cm。基生叶丛生，茎生叶互生，长圆形至倒卵形，通常羽裂分裂，全缘或有少量锯齿，叶幼时被白色绒毛。头状花序顶生，花径5～8cm，舌状花白色，背面淡紫色，盘心蓝紫色。花期夏秋季。

基本习性：喜向阳环境，不耐寒，忌炎热；宜排水良好的土壤。

园林应用：观花。多应用于路边、花境和花坛等处。片植最佳。

适用地区：我国亚热带地区可露地栽培，北方作一年生栽培。

（230）熊耳草

学名：*Ageratum houstonianum*。菊科藿香蓟属。

简要形态特征：一年生草本，高30～50cm。茎直立；叶对生，有时上部的叶近互生，宽或长卵形，或三角状卵形。头状花序5～15，在茎枝顶端排成直径2～4cm的伞房或复伞房花序。花冠淡紫色。适宜条件下花果期全年。

基本习性：喜温暖，喜光，不耐寒。对土壤要求不严。

园林应用：观花。应用于花坛、花境、路边条植，也可盆栽。

适用地区：我国城市园林均可应用。

（231）大花金鸡菊

学名：*Coreopsis grandiflora*。菊科金鸡菊属。

简要形态特征：多年生草本，高20～100cm。茎直立。叶对生；基部叶有长柄、披针形或匙形；下部叶羽状全裂。头状花序单生于枝端，径4～5cm。花期6～9月份。

基本习性：喜光，耐旱，耐寒，耐热，耐瘠薄。

园林应用：观花。用于缀花草坪、花境和岩石园等处。片植最佳。

适用地区：我国黄河流域以南均可栽培应用。

（232）玫红金鸡菊

学名：*Coreopsis rosea*。菊科金鸡菊属。

简要形态特征：一年或多年生草本植物，高40～80cm。茎直立。叶对生，叶片分裂成细条形的裂片。花序较大，有长花序梗。花粉红或玫红色。花期夏秋季。

基本习性：喜光，喜温暖湿润气候，略耐寒，不择土壤。

园林应用：观花。本种多用于自然花境，亦可应用于路边、林缘等处。片植为主。

适用地区：我国大部分城市均可在园林中应用。

（233）大吴风草

学名：*Farfugium japonicum*。菊科大吴风草属。

简要形态特征：多年生常绿草本。根茎粗壮。花葶高达70cm。叶全部基生，莲座状，有长柄。头状花序辐射状，2～7，排列成伞房状花序。舌状花瓣8～12，黄色。花期10～11月份。

基本习性：喜温暖湿润气候，喜半阴，不耐寒，不耐旱。喜深厚肥沃土壤。

园林应用：观叶、观花。多用于疏林下、路边和花境等处，亦可应用于岩石园和庭园各处。片植和丛植。

适用地区：我国长江流域以南可露地栽培，北方盆栽。

（234）黄斑大吴风草

学名：*Farfugium japonicum* 'Aureomaculatum'。菊科大吴风草属。

简要形态特征：基本特征同大吴风草，唯植株高度略矮，叶片略小，叶片有黄色斑块镶嵌其中。生长速度略慢。花期基本同大吴风草。

基本习性：喜温暖湿润环境，喜半阴，喜肥沃土壤。

园林应用：观叶、观花。同大吴风草。

适用地区：我国长江以南地区园林均可栽培应用。

（235）兔儿伞

学名：*Syneilesis aconitifolia*。菊科兔儿伞属。

简要形态特征：多年生草本。茎直立，高70～120cm。叶通常2，疏生。头状花序多数，在茎端密集成复伞房状。小花8～10，花冠淡粉白色。花期6～7月份，果期8～10月份。

基本习性：喜光，耐寒，耐旱，喜深厚肥沃土壤。

园林应用：观叶。多植于林缘、路边、花境等处，欣赏其叶片。丛植和片植均可。

适用地区：全国大部分城市园林均可应用。

（236）宿根天人菊

学名：*Gaillardia aristata*。菊科天人菊属。

简要形态特征：多年生草本，高60～100cm。基生叶和下部茎叶长椭圆形或匙形，长3～6cm，宽1～2cm，全缘或羽状缺裂。头状花序径5～7cm。花果期7～8月份。

基本习性：喜光，喜温暖，耐热，耐寒，耐干旱，忌积水。

园林应用：观花。株型低矮，生长迅速，花色鲜艳，花量大，可片植，也可用于盆花栽培。

适用地区：我国长江以南地区可露地栽培，北方城市作一年生栽培。

（237）大滨菊

学名：*Leucanthemum maximum*。菊科滨菊属。

简要形态特征：多年生草本植物。茎直立，少分枝，株高40～70cm，全株光滑无毛。叶互生，基生叶披针形；茎生叶线形。头状花序单生茎顶，舌状花白色；管状花黄色。花期4～7月份。

基本习性：耐寒，喜光，喜富含腐殖质的疏松、肥沃、排水良好的沙壤土。

园林应用：观花。本种多用于花境、路边绿地等处，丛植和片植。

适用地区：我国大部分城市均可栽培利用。

（238）勋章菊

学名： *Gazania rigens*。菊科勋章菊属。

简要形态特征： 多年生草本，高30～50cm，叶丛生，叶片披针形或倒卵状披针形，全缘或有浅羽裂，叶背密被白绵毛；头状花序，舌状花为白、黄、橙红等各色。花径7～8cm，花期4～6月份。

基本习性： 喜光，喜较凉爽气候环境，耐旱，耐贫瘠；半耐寒。

园林应用： 观花。应用于花坛、花境和各类园林景观，多以丛植和片植为主，亦可盆栽。

适用地区： 我国夏季凉爽、冬季温暖的地方可露地越冬和越夏。其他地区多作一年生栽培。

（239）银叶菊

学名：*Jacobaea maritima*。菊科千里光属。

简要形态特征：多年生草本，高30～60cm。叶匙形或羽状裂叶，正反面均被银白色柔毛。头状花序单生枝顶，花小、黄色，花期6～9月份。

基本习性：耐寒，耐旱，喜阳光充足的环境。不择土壤。

园林应用：观叶。本种多植于园路两侧、花境、花坛和岩石园等处。丛植和片植。

适用地区：我国长江流域可安全越冬。北方盆栽。

（240）松果菊

学名：*Echinacea purpurea*。菊科松果菊属。

简要形态特征：多年生草本植物，株高50～120cm。茎直立。基生叶卵形或三角形，茎生叶卵状披针形；头状花序单生于枝顶，或数个聚生于枝顶，花径达7～10cm，舌状花紫红色，管状花橙黄色，花期6～7月份。

基本习性：喜光，喜温暖湿润，耐寒，耐旱。不择土壤。

园林应用：观花。可作背景材料或作花境、坡地材料，亦可作切花。

适用地区：全国大部分地区城市园林均可应用。

（241）金光菊

学名：*Rudbeckia laciniata*。菊科金光菊属。

简要形态特征：多年生草本，高50～200cm。茎上部有分枝。叶互生。下部叶具叶柄，不分裂或羽状5～7深裂。头状花序单生于枝端。舌状花金黄色。花期7～10月份。

基本习性：性喜通风良好、阳光充足的环境。耐寒又耐旱。对土壤要求不严，但忌水湿。

园林应用：观花。可作花坛、花境材料，也可布置草坪边缘成自然式栽植。

适用地区：我国暖温带以南城市园林均可栽培应用。

（242）荷兰菊

学名：*Symphyotrichum novi-belgii*。菊科紫菀属。

简要形态特征：多年生草本。株高50～100cm。茎丛生、多分枝，叶呈线状披针形，光滑。头状花序，单生，在枝顶形成伞状花序，花蓝紫色或玫红色，花期8～10月份。

基本习性：喜光和通风的环境，喜湿润，耐干旱，耐寒，耐瘠薄。

园林应用：观花。多栽培于路边花坛、花境，亦可盆栽观赏。

适用地区：全国大部分城市园林均可栽培。

（243）串叶松香草

学名：*Silphium perfoliatum*。菊科松香草属。

简要形态特征：多年生草本。根茎肥大，粗壮。茎直立。株高200～300cm。叶长椭圆形。头状花序，花盘直径2～2.5cm，花黄色。花期6～8月份。

基本习性：喜温暖湿润气候，耐寒，耐瘠薄。

园林应用：观花。植于疏林边缘、墙边等处，亦可作花境背景材料。

适用地区：我国长江以北地区应用较多，南方较少见。

54.泽泻科

（244）皇冠草

学名：*Echinodorus amazonicus Rataj*。泽泻科肋果慈姑属。

简要形态特征：多年生水生草本，其茎基粗壮，叶柄高，叶面宽阔，色泽青翠，在茎基部生长出10～20片宽大的叶片，排列成莲花形。总状花序；小花直径10mm，白色；花瓣3。花期6～9月份。

基本习性：适宜在弱酸性、中性水中生长，喜温，喜光。不耐寒。

园林应用：观叶。主要用于水边、溪流两侧或浅水处绿化。丛植和片植为佳。

适用地区：我国中亚热带以南地区可室外越冬。北方地区盆栽观赏。

（245）泽泻

学名：*Alisma plantago-aquatica*。泽泻科泽泻属。

简要形态特征：多年生水生或沼生草本。叶通常多数；沉水叶条形或披针形；挺水叶宽披针形、椭圆形至卵形。花葶高70～100cm；花序长15～50cm。花白色、粉红色或浅紫色。花果期5～10月份。

基本习性：喜光，耐寒，喜冷凉气候。

园林应用：观叶。应用于浅水处和水边湿地绿化，亦可盆栽观赏。

适用地区：我国长江流域以北均可安全越夏，热带地区应用较少。

55.禾本科

（246）花叶燕麦草

学名：*Arrhenatherum elatius* var. *bulbosum* 'Variegatum'。禾本科燕麦草属。

简要形态特征：多年生常绿宿根草本，须根发达，茎簇生，叶线形，叶片中肋绿色，两侧呈乳黄色，夏季两侧由乳黄色转为黄色，不结实。

生态习性：喜光，亦耐阴，喜凉爽湿润气候，耐干旱，耐水湿，耐寒。

园林应用：观叶。株丛整齐一致，叶片秀丽，黄绿相间，雅致清秀。多应用在花境、花坛等处，采用片植的方式进行应用。

适用地区：我国华北地区以南均可栽培。

（247）玉带草

学名：*Phalaris arundinacea var. picta*。禾本科鷸草属。

简要形态特征：多年生宿根草本植物。叶扁平、线形，绿色且具有白边及条纹，质地柔软，形似玉带。圆锥花序紧密狭窄，长8～15cm。花期6～7月份，果期9月份。

基本习性：喜光，喜温暖湿润气候，耐寒，也耐盐碱。

园林应用：观叶。用来布置花境和花坛。也用于水景园，亦可点缀于桥、亭、轩榭四周，以片植为主。

适用地区：我国暖温带以南地区均可在露地应用。

（248）血草

学名：*Imperata cylindrica* 'Rubra'。禾本科白茅属。

简要形态特征：多年生草本，高50cm。叶片丛生，剑形，春季叶色深血红色，新发嫩叶鲜红色。圆锥花序，小穗银白色。花期7～8月份。

基本习性：喜光，耐半阴，耐热，喜湿润肥沃土壤。

园林应用：观叶。本种色泽艳丽，可应用于花境、路边片植、岩石园和林缘美化。片植为主。

适用地区：我国东北以南地区可露地栽培。

（249）小盼草

学名：*Chasmanthium latifolium*。禾本科小盼草属。

简要形态特征：多年生半常绿草本，高30～50cm。叶绿色，直立，丛生。花穗风铃状，柔软下垂。花期6～8月份，果期8～10月份。

基本习性：喜光，耐半阴，喜温暖湿润气候，耐水湿，略耐寒。

园林应用：观叶、观果。应用于溪流两岸、草坪边缘、路边、墙壁边缘等处，亦可应用于花境。以丛植为主，条植宜佳。

适用地区：全国大部分城市园林均可栽培。

（250）花叶芦竹

学名：*Arundo donax* Var. *versicolo*。禾本科芦竹属。

简要形态特征：多年生高大挺水草本观叶植物。高达3～6m，叶片宽条形，长30～60cm，初生叶有白色或黄白色长条纹，老叶颜色变淡。圆锥花序顶生，花果期9～12月份。

基本习性：喜光，耐水湿，也较耐寒，不耐干旱；喜肥沃、疏松土壤。

园林应用：观叶。主要用于水景的背景材料，也可应用于稍湿润的旱地园林中，石旁、庭院建筑角隅等处，均可栽培利用，多采用丛植的形式。水边可群植观赏。

适用地区：全国城市园林均可栽培应用。

（251）蒲苇

学名：*Cortaderia selloana*。禾本科蒲苇属。

简要形态特征：多年生高大草本，丛生，茎秆直立，粗壮。叶片狭长，常弯垂，灰绿色。顶生大型圆锥花序，银白色，具光泽。花期9～11月份。

基本习性：喜光，耐寒，耐旱，耐贫瘠，喜深厚肥沃土壤。

园林应用：观姿、观花序。可用于草坪边缘、路边转角处、墙边、石头旁。常丛植为主。

适用地区：全国大部分城市园林均可应用。

（252）矮蒲苇

学名：*Cortaderia selloana* 'Pumila'。禾本科蒲苇属。

简要形态特征：和蒲苇形态基本一致，唯株形较矮，高度多数低于120cm，花序也略小。

基本习性：喜光，耐寒，耐旱，耐贫瘠，喜深厚肥沃土壤。

园林应用：观姿。同蒲苇应用。

适用地区：全国大部分城市园林均可应用。

（253）蓝羊茅

学名：*Festuca glauca*。禾本科羊芽属。

简要形态特征：常绿丛生草本，株高40cm。叶针状。柔软，夏季为银蓝色，冬季会更绿一些。圆锥花序，长10cm，花期5月份。

基本习性：喜光，耐寒，耐旱，耐贫瘠，稍耐盐碱。全日照或部分荫蔽长势良好，忌低洼积水。

园林应用：观叶。适合作花坛、花境镶边材料之用。还可用作道路两边的镶边用。盆栽、成片种植或用于岩石园等处。

适用地区：全国大部分城市园林均可栽培应用。

（254）花叶芦荻

学名：*Phragmitesj25 australis* 'variegatus'。禾本科芦苇属。

简要形态特征：多年生挺水草本观叶植物。高达1.8～3m，叶片宽条形，长30～50cm，新叶有白色或黄白色长条纹，老叶偶有变绿现象。圆锥花序顶生，花果期9～12月份。

基本习性：喜光，耐水湿，也较耐寒，不耐干旱；喜肥沃、疏松土壤。

园林应用：观叶，观姿。主要用于水景的背景材料，也可应用于稍湿润的旱地园林中，石旁、庭院建筑角隅等处，均可栽培利用，多采用丛植和片植的形式。

适用地区：我国大部分城市园林均可栽培应用。

（255）紫梦狼尾草

学名：*Pennisetum setaceum* 'Rubrum'。禾本科狼尾草属。

形态特征：多年生草本，株形柔美，高度50～80cm。叶狭长，质感细腻，全年紫红色。穗状花序密生，狭长条状，紫红色，花期夏秋季。

基本习性：喜光照良好环境。对土壤要求不严，耐贫瘠，不耐寒。

观赏价值：观叶、观花序。叶常年紫红色，花序观赏性能保持至晚秋或初冬。观赏价值较高。

园林用途：花境、花坛及成片种植。

适用地区：我国南方地区可应用，北方地区不能过冬。

（256）细茎针茅

学名：*Stipa tenuissima*。禾本科针茅属。

简要形态特征：多年生常绿草本，叶片密集丛生。叶片针状，细长柔软。花序银白色，柔软下垂。花期6～9月份。

基本习性：喜光，耐寒，耐旱，耐贫瘠。喜冷凉气候。

园林应用：观叶、观姿。多用于花境、岩石园、路边等处，丛植和片植为主。

适用地区：我国亚热带以北地区应用较多。

（257）花叶芒

学名： *Miscanthus sinensis* 'Variegata'。禾本科芒属。

简要形态特征： 多年生草本，丛生。叶片呈拱形向地面弯曲。叶片浅绿色，有奶白色条纹。圆锥花序，花序深粉色，高于植株。花期9～10月份。

基本习性： 喜光，耐半阴，耐寒，耐旱，也耐涝，不择土壤。

园林应用： 观叶。用于花坛、花境、道路拐角、街头绿地和岩石园等，亦可作假山、湖岸的点缀材料。可单株种植、片植。也可与其他花卉组合搭配种植。

适用地区： 我国大部分城市园林均可栽培利用。

（258）斑叶芒

学名：*Miscanthus sinensis* 'Zebrinus'。禾本科芒属。

简要形态特征：多年生草本，丛生状，叶片狭长带状，顶端弯垂，叶片具黄白色环状斑纹。圆锥花序顶生，大型。花期9～11月份。

基本习性：喜光，耐半阴，耐水湿，耐寒。

园林应用：观叶。多用于大型的草坪边缘、溪流两侧、道路转角处，亦可用于岩石园和花境。

适用地区：全国大部分城市园林均可栽培。

（259）细叶芒

学名：*Miscanthus sinensis* 'Gracillimus'。禾本科芒属。

简要形态特征：多年生草本，叶直立，纤细，灰绿色，顶端弯垂。圆锥花序顶生。花期9～10月份。

基本习性：喜光，耐半阴，耐寒，耐旱，耐瘠薄。

园林应用：观叶、观姿。应用于草坪边缘、路边、岩石园、禾草园等处，亦可在花境中应用。丛植和片植为主。

适用地区：全国大部分城市园林均可应用。

（260）蓝滨麦

学名：*Sorghastrum nutans* 'Sioux Blue'。禾本科赖草属。

简要形态特征：多年生草本，株高60～80cm，叶片呈蓝色。花期6～7月份。

基本习性：喜光，喜湿润环境，温度越高、光照越强，其叶片的蓝色越深。

园林用途：观叶。叶色独特、适应区域广，园林中适于片植、丛植或花境配置。

适应地区：我国北方大部分城市园林均可栽培应用。

（261）菲黄竹

学名：*Pleioblastus viridistriatus* 'Variegatus'。禾本科苦竹属。

简要形态特征：秆纤细，高达1.2m，直径2～3mm。叶片长椭圆形或卵状披针形，嫩叶纯黄色，具绿色条纹，老后叶片变为绿色。

基本习性：喜温暖湿润气候，好肥，较耐寒，忌烈日，宜半阴，喜肥沃疏松排水良好的沙质土壤。

园林应用：观叶。新叶纯黄色，非常醒目，秆矮小，用于园林绿化作彩叶地被、色块或作山石盆景栽培观赏。

适用地区：我国亚热带以南地区城市园林均可栽培应用。

（262）菲白竹

拉丁学名：*Pleioblastus fortunei* 'Variegatus'。禾本科苦竹属。

形态特征：秆高20～50cm；节间细而短小。小枝具4～7叶；叶片短小，披针形，叶面通常有黄色或浅黄色乃至近于白色的纵条纹。笋期4～6月份。

基本习性：喜温暖湿润气候和深厚肥沃的土壤，喜半阴，忌烈日，喜肥沃疏松沙壤土。

园林应用：观叶。本种在园林中主要作为地被植物来进行应用；亦可丛植观赏，少部分可用于岩石园。

适用地区：我国亚热带以南地区可露地栽培应用。

（263）花叶水葱

学名：*Scirpus validus* 'Mosaic'。莎草科水葱属。

简要形态特征：多年生宿根挺水草本植物。株高1～2m，茎秆高大通直。线形叶片长2～11cm。圆锥状花序假侧生，花序似顶生。花果期6～9月份。

基本习性：性喜温暖湿润，在自然界中常生于沼泽地、浅水或湿地草丛中。需阳光，较耐寒，能够适应一般的土壤和水体，但在清洁的水质中观赏性更佳。

园林用途：观叶。花叶水葱株丛挺立，茎秆黄绿相间，非常独特，飘洒俊逸，适宜水池、溪流等处应用。

适应地区：全国大部分城市园林均可应用。

（264）纸莎草

学名：*Cyperus papyrus*。莎草科莎草属。

简要形态特征：多年生常绿草本。茎秆直立，丛生，三棱形，不分枝。叶退化成鞘状，棕色，包裹茎秆基部。总苞叶状，顶生，带状披针形。花小，淡紫色，花期6～7月份。

基本习性：喜温暖湿润气候，不耐寒，喜水，常于近水湿地和浅水处生长。

园林应用：观花序。主要用于庭园水景边缘种植，可以多株丛植、片植，单株孤植景观效果也非常好。

适用地区：我国中亚热带以南地区可以露地栽培。北方地区盆栽观赏。

（265）风车草

学名：*Cyperus alternifolius*。莎草科莎草属。

简要形态特征：多年生挺水植物，高40～160cm。茎秆粗壮，近圆柱形，丛生。叶状苞片非常显著，约有20枚，近等长，长为花序的两倍以上。花果期为夏秋季节。

基本习性：喜温暖、阴湿及通风良好的环境，不耐寒，适应性强，对土壤要求不严。

园林应用：观花序。应用于各类水边和湿地。丛植和片植均可。

适用地区：我国中亚热带以南地区园林中可以应用，北方地区需盆栽。

（266）白鹭莞

学名：*Dichromena colorata*。莎草科刺子莞属。

简要形态特征：多年生草本植物，秆直立，丛生，株高15～30cm。花序近头状，顶生，花序总苞基部呈白色，花小。花期6～9月份。

基本习性：喜光，喜温暖湿润气候，耐高温，喜潮湿的壤土。

园林应用：观花序。多用于水边石旁、水景边缘等处，亦可盆栽。

适用地区：我国热带地区可露地栽培，其余地区可盆栽观赏。

（267）花葶薹草

学名：*Carex scaposa*。莎草科薹草属。

简要形态特征：多年生草本，根状茎匍匐，粗壮，木质。高20～80cm。叶基生和秆生；基生叶数枚丛生，长10～35cm，宽2～5cm。圆锥花序复出，具3至数枚支花序；花期4月份。

基本习性：喜温暖湿润气候，喜阴湿，不耐寒，不耐旱，喜肥沃土壤。

园林应用：观叶。多用于潮湿的林下、路边、岩石边，亦可应用于潮湿花境。

适用地区：我国亚热带以南地区可露地栽培，北方地区盆栽观赏。

（268）金叶薹草

学名：*Carex* 'Evergold'。莎草科薹草属。

简要形态特征：多年生常绿，株高20cm，叶细条形，两边为绿色，中央有黄色纵条纹。穗状花序，花期4～5月份。

基本习性：适应性强，喜温暖湿润和阳光充足的环境，耐半阴，怕积水。对土壤要求不严，耐瘠薄，一般不必另外施肥。有一定的耐寒性。

园林用途：观叶。可用作花坛、花境镶边观叶植物，也可盆栽观赏。既可作为地被植物成片种植，也可作为草坪、花坛、园林小路的镶边。

适用地区：我国长江流域以南地区可露地越冬。

57.天南星科

（269）金线蒲

学名：*Acorus gramineus* 'Masamune'。天南星科菖蒲属。

简要形态特征：常绿草本，高20～30cm。叶片质地较厚，线形，长20～30cm，极狭，绿色，边缘具黄白色条纹。肉穗花序黄绿色。花期5～6月份。

基本习性：喜光，喜湿，耐半阴，略耐寒。

观赏价值：观叶。叶缘及叶心有金黄色线条，可植于花境、路边、疏林边缘等处，片植最佳。

适用地区：我国长江流域以南地区均可露地栽培。

（270）东亚魔芋

学名：_Amorphophallus kiusianus_。天南星科魔芋属。

简要形态特征：多年生草本，块茎大、扁球形，直径可达20cm。叶片大，3全裂，裂片长达50cm；叶柄粗，多浆汁，绿色，有紫褐色斑点。花茎高约1m；佛焰苞长卵形或漏斗状筒形，淡绿色，有紫色斑块；肉穗花序长10～20cm，花期4月份，果期7月份。

基本习性：喜温暖湿润气候，略耐寒，不耐旱，喜阴湿，对土壤要求不严。

园林应用：观叶、观花。多用于疏林下、路边等潮湿处，亦可应用于半阴花境。

适用地区：我国长江流域以南地区可露地栽培应用。

（271）疣柄魔芋

学名：*Amorphophallus virosus*。天南星科魔芋属。

简要形态特征：多年生草本，块茎扁球形，直径约20cm。叶单一，叶柄长50～80cm；叶片3全裂。佛焰苞长20cm以上，喉部宽25cm，卵形，外面绿色，饰以紫色条纹和绿白色斑块。花期4～5月份，果10～11月份成熟。

基本习性：喜温暖湿润气候，喜阴湿，耐热，不耐寒。喜深厚肥沃土壤。

园林应用：观叶。叶片大型，花序大，应用于疏林下、阴湿路边等处。孤植和片植均可。

适用地区：我国热带地区可以露地应用，北方地区温室栽培。

（272）白蝶合果芋

学名：*Syngonium podophyllum* 'White Butterfly'。天南星科合果芋属。

简要形态特征：常绿攀援藤本，长可达10m；叶箭形，叶面大部分为黄白色，边缘具绿色斑块及条纹。花不常见。

基本习性：喜温暖湿润环境，喜阴，喜热，不耐寒，不择土壤。

园林应用：观叶。主要用于路边、疏林下地被，亦可应用于花境。丛植和片植为主。

适用地区：我国南亚热带以南地区可以露地栽培，北方地区多盆栽观赏。

（273）绒叶合果芋

学名：*Syngonium wendlandii*。天南星科合果芋属。

简要形态特征：多年生蔓性常绿草本植物。茎节具气生根，攀附他物生长，叶片两型，幼叶为单叶，箭形或戟形；老叶呈5～9裂的掌状叶，叶片中脉多呈白色。夏秋季开花结果。

基本习性：喜温暖潮湿及半阴的环境，不耐寒，喜疏松肥沃排水良好的沙质土壤。

园林应用：观叶。多用于石边、树旁和林下等处，亦可盆栽观赏。

适用地区：我国热带地区可露地栽培应用，其他地区温室越冬。

（274）花烛（红掌）

学名：*Anthurium andraeanum*。天南星科花烛属。

简要形态特征：多年生常绿草本植物。高50～70cm，叶自基部生出，绿色，革质，全缘，长圆状心形或卵心形。叶柄细长；佛焰苞卵心形，革质并有光泽，猩红色；肉穗花序长5～7cm，黄色，可常年开花不断。

基本习性：喜温暖湿润气候，喜半阴，不耐寒，不耐旱。喜肥沃疏松土壤。

园林应用：观花。盆栽摆放为主，少数地区可种植于林下、路边和花境内。丛植和片植为佳。

适用地区：我国热带地区可露地栽培，其余地区温室越冬。

（275）大藻

学名：*Pistia stratiotes*。天南星科大藻属。

简要形态特征：多年生浮水草本，根须发达呈羽毛状，垂悬于水中。主茎短缩而叶簇生于其上呈莲座状。花序生于叶腋间，有短的总花梗，佛焰苞长约1.2cm，白色。花期6～7月份。

基本习性：喜高温湿润气候，不耐严寒，喜水，喜肥。

园林应用：观叶。主要用于水边和水体绿化，也可栽于水缸等处。片植为佳。需防止扩散危害。

适用地区：我国华南等热带地区露地应用，其余地区需保护越冬。

58.鸭跖草科

（276）毛萼紫露草（无毛紫露草）

学名：*Tradescantia virginiana*。鸭跖草科紫露草属。

简要形态特征：多年生宿根草本花卉。株高30～35cm。茎通常簇生，直立；叶片线形或线状披针形。花冠深蓝，宽3～4cm。4月份下旬始花。

基本习性：喜凉爽湿润气候，耐旱，耐寒，耐瘠薄，忌涝，喜光。要求疏松、湿润而又排水良好的土壤。

园林应用：观花。多用于路边、林缘和花境等处，片植为主，丛植为辅。

适用地区：我国华北以南地区城市园林均可栽培利用。

（277）金叶紫露草

学名：*Tradescantia* 'Sweet Kate'。鸭跖草科紫露草属。

简要形态特征：多年生草本植物，高度可达25～50cm；叶互生，每株5～7片线形或披针形茎叶。花序顶生、伞形，花紫色，花瓣3。花期为6～10月份下旬。

基本习性：生性强健，喜光，耐寒，耐瘠薄，喜湿。

园林用途：观叶、观花。叶色金黄，花茎直立，节明显，株形奇特秀美，花色蓝紫，在园林中多在林下、花境、花坛等处栽培。

适用地区：我国暖温带以南地区可露地栽培，北方盆栽。

（278）白雪姬

学名：*Tradescantia sillamontana*。鸭跖草科紫露草属。

简要形态特征：多年生肉质草本植物。植株丛生，茎直立或稍匍匐，高15～20cm，全株被有浓密的白色长毛。叶互生，绿色或褐绿色，稍具肉质，也被有浓密的白毛。小花淡紫粉色，着生于茎的顶部。花期6～8月份。

基本习性：喜光，喜温暖湿润气候，耐半阴，不耐寒，喜肥沃土壤。

园林应用：观叶。多用于盆景园、岩石园和花境等处，丛植和片植。

适用地区：我国长江以南地区可以露地栽培。

（279）白花紫露草

学名：*Tradescantia fiumiensis*。鸭跖草科紫露草属。

简要形态特征：多年生常绿草本。茎匍匐，长可达60cm，带紫红色晕。叶互生。花小，多朵聚生成伞形花序，白色。花期夏、秋季。

基本习性：喜温暖湿润气候，喜半阴，不耐寒，不择土壤。

园林应用：观花。多用于潮湿地地被覆盖之用，亦有少量用于花境。

适用地区：我国中亚热带以南地区可露地栽培，北方地区盆栽或温室栽培。

59.灯心草科

（280）灯心草

学名：*Juncus effusus*。灯心草科灯心草属。

简要形态特征：多年生草本，高27～91cm；茎丛生，直立，圆柱形。叶全部为低出叶，呈鞘状或鳞片状；叶片退化为刺芒状。聚伞花序假侧生。花期4～7月份，果期6～9月份。

基本习性：耐寒，喜湿，忌干旱。

园林应用：观姿态。茎丛生，纤细娇俏，小型花序生于茎上部，小巧别致，用于园林水景边缘、湿地边缘；亦可盆栽水培观赏。

适用地区：全国大部分城市园林均可应用。

60.百合科

（281）吉祥草

学名：*Reineckia carnea*。百合科吉祥草属。

简要形态特征：常绿草本，茎粗2～3mm，蔓延于地面。叶每簇有3～8枚，条形至披针形。花葶长5～15cm；穗状花序长2～6.5cm；花芳香，粉红色。浆果直径6～10mm，熟时鲜红色。花果期7～11月份。

基本习性：喜阴湿环境，略耐寒，不耐旱。不择土壤。

园林应用：观叶。多作为林下和路边地被植物进行应用。

适用地区：我国长江流域以南地区可露地栽培，北方需盆栽。

（282）西班牙蓝铃花

学名：*Hyacinthoides hispanica*。百合科蓝铃花属。

简要形态特征：多年生球茎植物。叶基生，狭披针形，深绿色。肉质花茎长10～30cm；花钟状；花被6片并尖端反卷，花药为蓝色；花期4～5月份。

基本习性：喜冷凉湿润气候，耐寒，不耐旱，不耐热。不择土壤。

园林应用：观花。主要作为早春花境植物来进行利用。多以片植为主，干旱地区亦可盆栽管理。

适用地区：我国夏季湿润的北方城市和海拔比较高的城市园林可以栽培应用。

（283）紫萼

学名：*Hosta ventricosa*。百合科玉簪属。

简要形态特征：多年生宿根花卉。叶卵状心形、卵形至卵圆形，具7～11对侧脉。花葶高60～100cm，具10～30朵花；花单生，紫红色。花期6～7月份。

基本习性：喜阴湿环境，耐寒，不耐旱。喜透气土壤。

园林应用：观花。用于路边条植、林下片植，亦可用于花坛、花境。片植为主。

适用地区：我国北方大部分城市园林均可栽培。

（284）玉簪

学名：_Hosta plantaginea_。百合科玉簪属。

简要形态特征：多年生宿根植物。叶卵状心形、卵形或卵圆形，长14～24cm，宽8～16cm。花葶高40～80cm，具几朵至十几朵花；花白色，芳香。花果期8～10月份。

基本习性：喜湿耐阴，不耐强光，耐寒，喜深厚肥沃土壤。

园林应用：观花。多用于路边、林下等处大面积栽培，亦可应用于花境。

适用地区：我国华北以南城市园林均可露地应用。

（285）巨无霸玉簪

学名：_Hosta_ 'Sum and Substance'。百合科玉簪属。

简要形态特征：多年生宿根植物；高30～40cm。叶片卵圆形，基部心形，具下陷弧形脉。花序从基部伸出，高达60cm，花色白，花期6～7月份。

基本习性：喜湿润气候，喜半阴，不耐强光，不耐旱，耐寒。喜肥沃土壤。

园林应用：观叶、观花。多用于路边、林缘、建筑物旁等处的绿化，用于花境也较多。以片植最佳，丛植亦可。

适用地区：全国大部分城市均可栽培。极寒地区盆栽观赏。

（286）麦冬

学名：*Ophiopogon japonicus*。百合科沿阶草属。

简要形态特征：常绿草本；地下走茎细长。茎很短，叶基生成丛，禾叶状，长10～50cm。花葶长6～15cm，通常比叶短得多，总状花序长2～5cm，具几朵至十几朵花；花白色或淡紫色；花期5～8月份。

基本习性：耐寒，喜湿，耐旱，耐瘠薄，喜光，也耐阴。

园林应用：观叶。作为地被植物覆盖林下、路旁和各类绿地。片植为主。

适用地区：我国北京以南地区均可露地种植。

（287）山麦冬

学名：*Liriope spicata*。百合科山麦冬属。

简要形态特征：常绿草本，植株有时丛生。叶长25～60cm，宽4～6（～8）mm。花葶通常长于或几等长于叶，少数稍短于叶；总状花序长6～15（～20）cm，具多数花；花通常（2～）3～5朵簇生于苞片腋内；花被片淡紫色或淡蓝色。花期5～7月份。

基本习性：耐寒，耐旱，耐瘠薄，喜光，亦耐半阴。

园林应用：观叶、观花。用于道路两侧、隔离带、林缘等处作为地被植物。

适用地区：我国华北以南地区可露地栽培。

（288）阔叶山麦冬

学名：*Liriope platyphylla*。百合科山麦冬属。

简要形态特征：常绿草本，根状茎短，木质。叶密集成丛，革质，长25～65cm，宽1～3.5cm。花葶通常长于叶；总状花序长（12～）25～40cm，具许多花；花紫色或红紫色。花期7～8月份。

基本习性：喜半阴，耐寒，耐旱，亦喜湿润。喜深厚肥沃土壤。

园林应用：观叶、观花。多用于路边、林下、岩石园等处。片植最为普遍，亦可丛植。

适用地区：我国北京以南地区可露地栽培。

（289）金边阔叶山麦冬

学名：*Liriope muscari* 'Gold Banded'。百合科山麦冬属。

简要形态特征：多年生常绿草本，植株高约30cm。叶宽线形，革质，叶片边缘为金黄色。花茎高出于叶丛，花红紫色，4～5朵簇生于苞腋，排列成细长的总状花序。花期6～8月份。

基本习性：喜潮湿，在排水良好、全光或半阴的条件下生长良好。

园林用途：观叶、观花。用于林缘、草坪、水景、假山、道路和台地等处，主要作为地被植物来进行应用。

适用地区：我国山东以南地区可露地栽培。

（290）黑龙沿阶草

学名：*Ophiopogon planiscapus* 'Nigrescens'。百合科沿阶草属。

形态特征：多年生草本，植株矮小，高一般5～10cm，叶丛生，无柄，叶线形，黑绿色，花期5～7月份。蓝色浆果。

基本习性：喜半阴到阴生环境。抗旱，在气候比较干燥的北方地区也可种植。生性强健，成活率较高，对土壤的适宜性极强，不需要特殊的管理。

园林用途：观叶。常用作园林地被植物或花坛、花境镶边材料。

适用地区：我国暖温带以南地区城市园林可应用。

（291）阴生沿阶草

学名：*Ophiopogon umbraticola*。百合科沿阶草属。

简要形态特征：常绿草本，植株丛生，常有粗短的根状茎。叶基生成丛，禾叶状，长25～35（～50）cm，宽1～1.5mm；总状花序长8～16cm；花被片披针形或矩圆形，淡蓝色。花期7～8月份。

基本习性：喜冷凉湿润气候，喜半阴，略耐寒，喜深厚肥沃土壤。

园林应用：观叶、观花。用作地被植物，亦可应用于花境和岩石园等处。丛植最佳。

适用地区：我国亚热带以南地区可栽培应用。

（292）萱草

学名：*Hemerocallis fulva*。百合科萱草属。

简要形态特征：多年生草本，根状茎粗短，具肉质纤维根。叶基生成丛，条状披针形，长30～60cm，宽约2.5cm。夏季开大花，圆锥花序顶生，有花6～12朵，花被橘黄色。花期6～8月份。

基本习性：喜湿润也耐旱，喜阳光又耐半阴。耐寒，适应性强，对土壤要求不严。

园林应用：观花。多用于路边、疏林边缘和林下等处绿化，亦可用于花境。丛植和片植居多。

适用地区：我国华北以南地区露地栽培利用较多。

（293）金娃娃萱草

学名：*Hemerocallis fulva* 'Stella de Oro'。百合科萱草属。

简要形态特征：多年生草本，根近肉质，高20～40cm。中下部有纺锤状膨大；叶一般较宽；花葶由叶丛抽出，上部分枝，螺旋状聚伞花序，数朵花生于顶端，花大黄色。花果期为5～7月份。

基本习性：喜光，耐干旱、湿润与半阴，耐寒，对土壤适应性强。

园林应用：观花。多用于路边、花境和花坛等处，片植为主，亦可丛植观赏。

适用地区：我国北京以南地区可以露地栽培越冬。

（294）亮边丝兰

学名：*Yucca flaccida* 'Bright Edge'。百合科丝兰属。

简要形态特征：常绿灌木，茎短。叶基部簇生，呈螺旋状排列，叶片坚厚，长50～80cm。圆锥花序，花杯形，下垂，白色，外缘绿白色略带红晕，夏秋间开花。

基本习性：性喜阳光充足及通风良好的环境，又耐寒冷。性强健，根系发达，生命力强，容易成活。抗旱能力特强。对土壤适应性很强。

园林用途：观叶、观花。可孤植、群植、片植，还可盆栽观赏。植于花坛中心或围于花坛边缘，也可植于屋顶绿化。

适用地区：我国南亚热带地区可露地栽培，其余地区冬季需保护越冬。

（295）火炬花

学名：*Kniphofia uvaria*。百合科火把莲属。

简要形态特征：多年生草本植物，根肉质。叶丛生、草质、剑形，多数叶宽 2.0～2.5 cm，长 60～90 cm。花茎通常高 100～140 cm，为密穗状总状花序，花序长 20～30 cm，小花数可多达 300 朵以上。花色橙红。花期 5 月份。

基本习性：喜温暖湿润气候，耐寒，喜疏松肥沃土壤。

园林应用：观花。多用于林缘、花境和花坛等处。片植和丛植为主。

适用地区：我国华北以南地区可露地栽培。

（296）斑叶蜘蛛抱蛋

学名：*Aspidistra elatior* 'Variegata'。百合科蜘蛛抱蛋属。

简要形态特征：多年生常绿草本。叶单生，彼此相距1～3cm，矩圆状披针形、披针形至近椭圆形，具黄白色斑点或条纹；花被钟状，外面带紫色或暗紫色，内面下部淡紫色或深紫色。花期3～4月份。

基本习性：性喜温暖湿润、半阴环境，较耐寒，极耐阴。

园林用途：观叶。多用于林下、路边阴湿处，片植和丛植均可。亦可盆栽观赏。

适用地区：我国长江流域以南地区可露地栽培，其他地区盆栽观赏。

（297）万年青

学名：*Rohdea japonica*。百合科万年青属。

简要形态特征：常绿草本，根状茎粗1.5～2.5cm。叶3～6枚，厚纸质。花葶短于叶，长2.5～4cm；穗状花序长3～4cm；具几十朵密集的花；花被淡黄色。花期5～6月份，果期9～11月份。

基本习性：喜温暖湿润气候，喜半阴，略耐寒，喜深厚肥沃土壤。

园林应用：观叶、观果。多用于路边、林下和岩石园等处，亦可用作花境和花坛镶边材料。丛植和片植均可。

适用地区：我国亚热带以南地区可露地栽培，其余地区盆栽观赏。

（298）花叶山菅

学名：*Dianella ensifolia* 'Variegated'。百合科山菅属。

简要形态特征：植株高可达1～2m；叶狭条状披针形，边缘白色，顶端圆锥花序长10～40cm，分枝疏散；花常多朵生于侧枝上端；花被片绿白色、淡黄色至青紫色。浆果近球形，深蓝色，直径约6mm。花果期3～8月份。

基本习性：喜半阴或光线充足环境，喜高温多湿，不耐旱，对土壤条件要求不严。

园林应用：观花、观叶。在园林中常用作林下地被，也常用于花境等处。

适用地区：我国中亚热带以南地区露地栽培。

（299）多花黄精

学名：*Polygonatum cyrtonema*。百合科黄精属。

简要形态特征：多年生草本，根状茎肥厚。茎高50～100cm，通常具10～15枚叶。叶互生，椭圆形、卵状披针形至矩圆状披针形。花序具（1～)2～7(～14）花，伞形；花被黄绿色。花期5～6月份，果期8～10月份。

基本习性：喜湿润半阴气候，耐寒，喜深厚肥沃土壤，不耐积水。

园林应用：观花。多用于路边、林下阴湿处，亦可用于花境等处。丛植和片植为主。

适用地区：我国华北以南地区可露地栽培应用。

（300）深裂竹根七

学名：*Disporopsis pernyi*。百合科竹根七属。

简要形态特征：常绿草本，根状茎圆柱状。茎高20～40cm，具紫色斑点。叶纸质，披针形、矩圆状披针形。花1～2（～3）朵生于叶腋，白色，多少俯垂。花期4～5月份。

基本习性：喜温暖湿润气候，略耐寒，略耐干旱。对土壤要求不严。

园林应用：观叶。多用于路边、林下地被植物，亦可应用于岩石园等处绿化。

适用地区：我国长江流域以南地区均可露地栽培利用。

（301）散斑竹根七

学名：*Disporopsis aspera*。百合科竹根七属。

简要形态特征：常绿草本，根状茎圆柱状，粗3～10mm。茎高10～40cm。叶厚纸质，卵形、卵状披针形或卵状椭圆形。花1～2朵生于叶腋，黄绿色，多少具黑色斑点，俯垂；花被钟形。花期5～6月份，果期9～10月份。

基本习性：喜湿润气候，略耐寒，较耐旱。喜肥沃土壤。

园林应用：观叶。用于林下、花境和岩石园等处。丛植和片植。

适用地区：我国亚热带以南地区可露地栽培，其余地区可盆栽。

（302）山菅

学名：*Dianella ensifolia*。百合科山菅属。

简要形态特征：多年生草本，植株高可达1～2m。叶狭条状披针形，长30～80cm。顶端圆锥花序长10～40cm，分枝疏散；花常多朵生于侧枝上端；花被片条状披针形，绿白色、淡黄色至青紫色。花果期3～8月份。

基本习性：喜高温多湿环境，喜半阴或光线充足，不拘土质，不耐旱，不耐寒。

园林应用：观叶。多作林下地被植物，亦可应用于路边等处。

适用地区：我国中亚热带以南地区露地栽培，其余地区盆栽观赏。

（303）少花万寿竹

学名：*Disporum uniflorum*。百合科万寿竹属。

简要形态特征：根簇生，粗2～4mm。茎直立，高30～80cm。叶薄纸质至纸质，矩圆形、卵形、椭圆形至披针形，长4～15cm，宽1.5～5（～9）cm。花黄色、绿黄色或白色，1～3（～5）朵着生于分枝顶端。花期3～6月份。

基本习性：喜温暖湿润气候，略耐阴，略耐寒。喜肥沃土壤。

园林应用：观花。可用于林缘、疏林下、花境、岩石园等处。

适用地区：我国暖温带以南地区均可露地栽培。

（304）狐尾天门冬

学名：*Asparagus densiflorus* 'Myers'。天门冬科天门冬属。

简要形态特征：常绿半蔓性草本植物，植株丛生，各分枝近于直立生长，高30～60cm，稍有弯曲，但不下垂。小花白色，具清香；浆果小球状，成熟后呈鲜红色。花果期春季。

基本习性：喜温暖湿润气候，在半阴和阳光充足处都能正常生长，不耐寒。不择土壤。

园林应用：观叶。可用于花境、岩石园等处。丛植为主，亦可盆栽观赏。

适用地区：我国南亚热带以南地区可露地栽培利用。冬寒地区需温室越冬。

62.石蒜科

（305）黄水仙

学名：*Narcissus pseudonarcissus*。石蒜科水仙属。

简要形态特征：多年生球根植物，鳞茎球形，直径2.5～3.5cm。叶4～6枚。花茎高约30cm，顶端生花1朵；佛焰苞状总苞长3.5～5cm；花被裂片长圆形，长2.5～3.5cm，淡黄色；花期春季。

基本习性：喜光，耐寒，略耐旱，耐瘠薄，怕积水。

园林应用：观花。多用于道路、建筑物旁、岩石园和花境等处。

适用地区：我国大部分北方城市园林均可栽培，热带地区不宜栽培。

（306）大花葱

学名：*Allium giganteum*。石蒜科葱属。

简要形态特征：多年生草本，叶片丛生，灰绿色，长披针形，全缘，长60cm。伞形花序呈头状，直径可达18cm。花色紫红或粉红色。花期3～4月份。

基本习性：喜冷凉气候，喜阳，忌湿热多雨，耐半阴，喜疏松透气沙壤土。

园林应用：观花。可植于花境、岩石旁或草坪中作为点缀，片植和丛植为主。

适用地区：我国北方地区城市园林应用较多。

（307）水鬼蕉

学名：*Hymenocallis littoralis*。石蒜科水鬼蕉属。

简要形态特征：常绿草本，叶 10 ～ 12 枚，剑形，长 45 ～ 75cm，宽 2.5 ～ 6cm，多脉，无柄。花茎扁平，高 30 ～ 80cm；佛焰苞状总苞片长 5 ～ 8cm；花茎顶端生花 3 ～ 8 朵，白色。花期夏末秋初。

基本习性：热带花卉，喜温暖湿润气候，不耐寒，喜深厚肥沃土壤。

园林应用：观花。应用于各类园林绿地，片植和丛植均可。

适用地区：我国亚热带地区可露地栽培，北方地区冬季地上部分会枯死，以根茎越冬，南方常绿。

（308）早花百子莲

学名：*Agapanthus praecox*。石蒜科百子莲属。

简要形态特征：多年生宿根草本。叶片线状披针形，花葶直立，高达60cm；伞形花序，有花10～50朵，花漏斗状，深蓝色或白色；花期7～8月份。

基本习性：喜光，耐半阴，喜温暖湿润气候，要求疏松、肥沃的沙质壤土，pH在5.5～6.5，切忌积水。

园林应用：观花。叶色浓绿，光亮；花形秀丽，花蓝紫色，也有白花、紫花、大花和斑叶等品种。适于盆栽作室内观赏，在南方置半阴处栽培，作岩石园和花境的点缀植物。

适用地区：我国亚热带以南地区均可种植。

（309）石蒜

学名：*Lycoris radiata*。石蒜科石蒜属。

简要形态特征：多年生球根花卉。秋季出叶，叶狭带状。花茎高约30cm；总苞片2枚；伞形花序有花4～7朵，花鲜红色；花被裂片狭倒披针形；雄蕊显著伸出于花被外，比花被长1倍左右。花期8～9月份。

基本习性：喜温暖湿润气候，喜半阴，略耐寒，耐贫瘠。

园林应用：观花。多栽培于林下、路边和花坛、花境等处。片植和丛植均可。

适用地区：我国北京以南地区均可露地栽培。

（310）长筒石蒜

学名：*Lycoris longituba*。石蒜科石蒜属。

简要形态特征：多年生球根花卉，鳞茎卵球形，直径约4cm。早春出叶，叶披针形。花茎高60～80cm；伞形花序有花5～7朵；花白色，直径约5cm。花期7～8月份。

基本习性：喜温暖湿润环境，喜半阴，全光照下亦可生长；喜深厚肥沃土壤。

园林应用：用于疏林下、林缘、花境和宿根花卉园。

适用地区：我国暖温带以南地区可在园林绿地中应用。

（311）乳白石蒜

学名：*Lycoris albiflora*。石蒜科石蒜属。

简要形态特征：多年生草本，鳞茎卵球形，直径约4cm。春季出叶，叶带状。花茎高约60cm；总苞片2枚；伞形花序有花6～8朵；花蕾桃红色，开放时奶黄色，渐变为乳白色；花被裂片倒披针形，长约6cm，宽约1.2cm，腹面散生少数粉红色条纹，背面具红色中肋，中度反卷和皱缩，花被筒长约2cm；雄蕊与花被近等长或略伸出，花丝上端淡红色；雌蕊略比花被长，柱头玫瑰红色。花期8～9月份。

基本习性：同长筒石蒜。

园林应用：观花。应用于林下、花境和路边等处，片植和丛植均可。

适用地区：我国暖温带以南地区可在园林绿地中应用。

（312）忽地笑

学名：*Lycoris aurea*。石蒜科石蒜属。

简要形态特征：多年生草本，鳞茎卵形，直径约5cm。秋季出叶，叶剑形，长约60cm。花茎高约60cm；总苞片2枚；伞形花序有花4～8朵；花黄色；花被裂片背面具淡绿色中肋，倒披针形，长约6cm，宽约1cm，强度反卷和皱缩，花被筒长12～15cm；雄蕊略伸出于花被外，比花被长1/6左右，花丝黄色；花柱上部玫瑰红色。花期8～9月份。

基本习性：喜温暖湿润气候，略耐寒，喜半阴生长环境，喜肥沃土壤。不耐水湿。

园林应用：观花。应用于林下、路边和花境等各类绿地。

适用地区：我国山东以南地区可以露地越冬。

（313）换锦花

学名：*Lycoris sprengeri*。石蒜科石蒜属。

简要形态特征：多年生草本，鳞茎卵形，直径约3.5cm。早春出叶。花茎高约60cm；总苞片2枚；伞形花序有花4～6朵；花淡紫红色，花被裂片顶端常带蓝色，边缘不皱缩。花期8～9月份。

基本习性：喜温暖湿润气候，喜半阴，略耐寒。对土壤要求不严。

园林应用：观花。多用于路边、疏林下、花境等处。片植和丛植均可。

适用地区：我国华北以南地区可以露地栽培应用。

（314）香石蒜

学名：*Lycoris incarnata*。石蒜科石蒜属。

简要形态特征：多年生草本，鳞茎卵球形，直径约3cm。早春出叶。花蕾白色，具红色中肋，初开时白色，渐变肉红色；花被裂片腹面散生红色条纹，背面具紫红色中肋，且边缘微皱缩，花被筒长约1cm；雄蕊与花被近等长，花丝紫红色；雌蕊略伸出花被外，花柱紫红色，上端较深。花期7～8月份。

基本习性：同换锦花。

园林应用：观花。应用于花坛、花境和各类园林绿地。

适用地区：我国华北以南地区均可露地应用。

（315）江苏石蒜

学名：*Lycoris houdyshelii*。石蒜科石蒜属。

简要形态特征：多年生草本，鳞茎近球形，直径约3cm。秋季出叶，叶带状。花茎高约30cm；总苞片2枚；伞形花序有花4～7朵；花白色；花被裂片背面具绿色中肋，强度反卷和皱缩，花被筒长约0.8cm；雄蕊明显伸出花被外，比花被长1/3，花丝乳白色；花柱上端为粉红色。花期9月份。

基本习性：喜温暖湿润气候，喜半阴，略耐寒。对土壤要求不严。

园林应用：观花。多应用于精品园、岩石园和花境等处。丛植为主。

适用地区：我国暖温带以南地区城市园林可应用。

（316）紫娇花

学名：*Tulbaghia violacea*。石蒜科紫娇花属。

简要形态特征：多年生常绿草本，鳞茎呈球形，直径达2cm。叶多为半圆柱形。花茎直立，高30～60cm，伞形花序球形，具多数花，径2～5cm，花被粉红。花期5～8月份。

基本习性：喜光，栽培处全日照、半日照均可。喜高温，耐热。不耐寒。

园林应用：观花。本种多用于花境、岩石园、路边和花坛等处，亦可盆栽观赏。

适用地区：我国长江以南地区可以露地越冬。

（317）文殊兰

学名：*Crinum asiaticum* var. *sinicum*。石蒜科文殊兰属。

简要形态特征：多年生粗壮草本。鳞茎长柱形。叶20～30枚，多列，带状披针形。伞形花序有花10～24朵；花高脚碟状，芳香；白色；雄蕊淡红色。花期夏季。

基本习性：喜温暖、湿润、光照充足、肥沃沙质土壤环境，不耐寒，耐盐碱土。

园林应用：观叶、观花。可应用于各类大型绿地，片植和丛植均可。

适用地区：我国热带地区露地栽培，其余地区冬季需温室越冬。

（318）白线文殊兰

学名：*Crinum asiaticum* 'Variegatum'。石蒜科文殊兰属。

简要形态特征：形态与文殊兰相同，区别点主要是本品种的叶片具有白色的纵向宽窄不一的条纹。花期、花色同文殊兰。

基本习性：喜温暖湿润环境，不耐寒，喜半阴。喜肥沃土壤。

园林应用：观叶、观花。叶片具有白色条纹，可提亮周围环境；用于花境、花坛等各类园林绿地。丛植和片植为主。

适用地区：我国热带地区可露地栽培，其余地区夏季露地栽培，冬季保护越冬。

（319）红花文殊兰

学名：*Crinum* × *amabile*。石蒜科文殊兰属。

简要形态特征：与文殊兰营养器官特征相同，唯花色为红色，与亲本之一的锡兰文殊兰相同。花期亦相同。

基本习性：喜温暖湿润、光照充足环境，不耐寒，喜肥沃土壤。

园林应用：观花。花色艳丽、芳香，可用于各类园林绿地，丛植和片植均适宜。

适用地区：我国南亚热带以南地区露地栽培。其余地区温室越冬。

（320）垂笑君子兰

学名：*Clivia nobilis*。石蒜科君子兰属。

简要形态特征：多年生草本。基生叶约有十几枚，质厚，深绿色，具光泽，带状，长25～40cm。花茎由叶丛中抽出，稍短于叶；伞形花序顶生，多花，开花时稍下垂；花被狭漏斗形，橘红色。花期夏季。北方地区盆栽可在秋冬季开花。

基本习性：喜冷凉湿润气候，喜光，亦耐热，不耐寒，耐旱，怕水湿。喜肥沃壤土。

园林应用：观花。本种园林中多盆栽观赏，亦可用于花境和精品园中片植或孤植。

适用地区：我国冬季最低气温高于5℃地区可栽培，其余地区需温室越冬。

（321）南美水仙

学名：*Eucharis amazonica*。石蒜科南美水仙属。

简要形态特征：多年生草本。叶片宽大，深绿色有光泽。花茎长50～60cm，顶生伞形花序，着生5～7朵花。花为纯白色，花径5～7cm，芳香。花冠筒圆柱形，中央生有一个副花冠，花瓣开展呈星状。花期冬春季。

基本习性：喜高温多湿和半阴环境，怕强光暴晒。不耐寒。适宜生长在疏松肥沃和排水良好的沙质壤土中。

园林应用：观花。姿态优雅，亭亭玉立。花朵硕大，洁白无瑕，清香四溢，是室内盆栽佳品。露地多片植和丛植。

适用地区：我国热带地区可露地栽培，其余地区冬季需温室越冬。

（322）小韭莲

学名：*Zephyranthes rosea*。石蒜科葱莲属。

简要形态特征：多年生草本。鳞茎卵球形，直径1～2cm。基生叶常数枚簇生，线形。花单生于花茎顶端，总苞片常带淡紫红色；花玫瑰红色或粉红色；花期8～10月份。

基本习性：喜温暖湿润气候，喜光，耐半阴，不耐旱，略耐寒，喜肥沃壤土。

园林应用：观花。多用于花境、花坛镶边材料，亦可片植作地被植物应用。

适用地区：我国长江流域以南地区可以露地栽培应用。

（323）黄花葱莲

学名：_Zephyranthes citrina_。石蒜科葱莲属。

简要形态特征：多年生常绿球根植物，球茎可达2.5cm。植株高20～30cm。3～5片基生叶，叶片暗绿色，扁圆柱形，叶较稀疏。花单生，腋生，总花梗长25～30cm，花漏斗状，花被柠檬黄色，花瓣6枚。花果期6～8月份。

基本习性：喜温暖、湿润、阳光充足的气候。喜疏松肥沃、潮湿的酸性沙壤土，耐荫蔽，耐干旱，耐瘠薄，耐湿。

园林应用：观花。可作为大面积地被应用，也可在花坛、花境、岩石园等处应用。

适用地区：我国南亚热带以南地区可以露地应用，以北地区冬季需保护越冬。

（324）葱莲

学名：*Zephyranthes candida*。石蒜科葱莲属。

简要形态特征：多年生草本。鳞茎卵形，直径约2.5cm。叶狭线形，肥厚，亮绿色，长20～30cm。花茎中空；花单生于花茎顶端；花白色，外面常带淡红色。花期秋季。

基本习性：喜光，耐半阴与低湿，宜肥沃、带有黏性而排水好的土壤。较耐寒。

园林应用：观花。多用于花坛、花境镶边材料，亦可作大面积地被应用。

适用地区：我国长江流域以南地区可在园林中露地栽培应用。

（325）韭莲

学名： *Zephyranthes grandiflora*。石蒜科葱莲属。

简要形态特征： 多年生草本。鳞茎卵球形，直径2～3cm。基生叶常数枚簇生，线形，扁平。花单生于花茎顶端；花玫瑰红色或粉红色。花期夏季。

基本习性： 喜温暖湿润，喜光，亦耐半阴，也耐干旱，耐高温。宜排水良好、富含腐殖质的沙质壤土。

园林应用： 观花。适宜在花坛、花境和草地边缘点缀，或地被片栽。

适用地区： 我国山东以南地区均可露地栽培，北方地区盆栽观赏。

（326）朱顶红

学名：*Hippeastrum rutilum*。石蒜科朱顶红属。

简要形态特征：多年生草本。鳞茎近球形，直径5～7.5cm。叶6～8枚。花茎中空，稍扁，高约40cm；花被管绿色，花被裂片长圆形，洋红色，略带绿色。花期春夏季。

基本习性：喜温暖湿润气候，不喜酷热，喜半阴。怕水涝。喜富含腐殖质、排水良好的沙质壤土。

园林应用：观花。可于庭院栽培，或配植花坛。亦可盆栽观赏。

适用地区：我国长江流域以南地区可露地应用，北方地区盆栽观赏。

63.蝎尾蕉科

（327）鹦鹉蝎尾蕉

学名：*Heliconia psittacorum*。蝎尾蕉科蝎尾蕉属。

简要形态特征：常绿草本，株高1～1.5m，叶披针形或长椭圆形，长柄，鞘抱茎。此类植物花盛开于春至夏、秋季，花茎直立，总状花序顶生，分歧花序3角状，分歧苞片4～5枚，形状酷似鸟类尖嘴；花色橙红。花期秋季。

基本习性：喜高温，喜光，喜水湿，喜肥，不耐寒。

园林应用：观叶、观花。多用于水边湿地等处绿化，多丛植和片植。

适用地区：我国热带地区可露地应用，其他地区盆栽或温室栽培。

（328）悬垂虾爪蕉

学名：*Heliconia potrustata* 'Hanging lobster Claw'。蝎尾蕉科蝎尾蕉属。

简要形态特征：多年生高大草本，高达2m，叶片长椭圆形，具长柄；花序顶生，下垂，长40cm，花序轴稍呈"之"字形弯曲。花在每一苞片内1～3朵或更多，开放时露出，花被片橙红色，花期8～11月份。

基本习性：喜高温，喜湿，喜肥，不耐寒。

园林应用：观叶、观花。多用于庭院中较湿润处，片植和丛植为主。

适用地区：我国热带地区应用较多，北方地区需温室越冬。

64.美人蕉科

（329）紫叶美人蕉

学名：*Canna* 'America'。美人蕉科美人蕉属。

简要形态特征：多年生草本植物。株高1.5m；茎粗壮，紫红色。叶片卵形或卵状长圆形，暗绿色，边绿，叶脉偶有染紫或古铜色。总状花序超出于叶之上；花色橙红色，花期夏秋。

生长习性：喜温暖湿润气候，不耐霜冻，喜光，性强健，适应性强，几乎不择土壤。

园林用途：观叶、观花。适宜城区、旅游景区、生活区、公园及行道绿化，适宜在园林绿化中作色块与其他观赏植物搭配使用。

适用地区：我国长江流域以南地区可以露地越冬。

（330）金脉美人蕉

学名：*Canna×generalis* 'Striata'。美人蕉科美人蕉属。

简要形态特征：多年生宿根草本植物。株高1.5～2m。叶片披针形，长达50cm；总状花序疏花，单生或分叉，花冠红色或黄色；花期5～10月份。

基本习性：性喜高温、高湿、阳光充足的气候条件，喜深厚肥沃的酸性土壤，可耐半荫蔽，不耐瘠薄，忌干旱，畏寒冷，生长适温23～30℃。

园林用途：观叶、观花。栽培于花坛、街道花池、各类绿地和庭院等场所，也可作盆栽观赏。

适用地区：我国山东以南地区可露地栽培，北方地区盆栽观赏。

65.香蒲科

（331）香蒲

拉丁学名：*Typha orientalis*。香蒲科香蒲属。

形态特征：多年生、水生或沼生草本。植株高大，地上茎直立，粗壮。叶片较长。雌花序粗大。叶鞘抱茎。花果期6～9月份。

基本习性：喜水，耐寒，耐瘠薄。

园林应用：观叶、观姿态。植株高大，叶片狭长带状，花序如挺直的蜡烛，主要应用于园林绿地中的水景边缘、湿地附近等处，营造充满野趣的湿地景观。

适用地区：全国大部分城市园林均可应用。

66.芭蕉科

（332）红蕉

学名：*Musa coccinea*。芭蕉科芭蕉属。

简要形态特征：多年生草本，假茎高1～2m。叶片长圆形。花序直立，序轴无毛，苞片外面鲜红而美丽，内面粉红色；雄花花被片乳黄色，花期4～7月份。

基本习性：喜温暖湿润气候，不耐旱。在向阳或半阴的环境下均能生长良好。宜疏松肥沃、排水良好的土壤。

园林应用：观叶、观花。温暖地区适用于庭院墙角、窗前、假山、亭口或池边栽植，极富南方特色，亦可盆栽观赏。

适用地区：我国华南地区可露地栽培应用，其余地区需保护越冬。

（333）花叶艳山姜

学名：*Alpinia zerumbet* 'Variegata'。姜科艳山姜属。

形态特征：多年生草本。植株高1～2m。叶长约50cm，有金黄色纵斑纹，十分艳丽。圆锥花序呈总状花序式，花序下垂，花白色，边缘黄色，顶端红色。夏季6～7月份开花。

基本习性：喜明亮或半遮阴环境。较耐寒，但不耐严寒，忌霜冻。喜阴湿环境，较耐水湿，不耐干旱。

园林用途：观叶、观花。叶色艳丽醒目，花朵香气浓郁，花姿清秀雅致，露地栽培时可在公园、庭院等的水池、篱笆边等阴湿地种植，片植或成行栽培均可。

适用地区：我国中亚热带以南地区可露地栽培。其余地区温室越冬。

（334）红闭鞘姜

学名：*Costus woodsonii*。姜科闭鞘姜属。

简要形态特征：多年生常绿草本，株高0.6～1.5m，基部近木质，顶部旋卷。叶片卵圆形。穗状花序顶生，卵形；苞片卵形，革质，红色；花萼革质，红色；花冠红色。花期7～9月份。

基本习性：喜半阴，喜温暖湿润气候，耐热，不耐寒。喜深厚肥沃土壤。

园林应用：观花。本种多用于岩石园、路边、河道两侧等处，亦可应用于花境。片植最佳。

适用地区：我国热带地区园林中可用，其余地区盆栽越冬。

（335）黄姜花

学名：_Hedychium flavum_。姜科姜花属。

简要形态特征：陆生或附生草本，茎高1.5～2m；叶片长圆状披针形或披针形，长25～45cm，宽5～8.5cm。穗状花序长圆形，长约10cm；花黄色。花期8～9月份。

基本习性：耐寒，耐旱，耐瘠薄，喜温暖湿润气候。喜肥沃疏松、排水良好的壤土或沙质土壤。

园林应用：观花。用作鲜切花、庭院绿化、园林景观点缀植物等。丛植、片植均可。

适用地区：我国中亚热带以南地区露地栽培，部分需保护越冬。

（336）红姜花

学名：*Hedychium coccineum*。姜科姜花属。

简要形态特征：多年生草本。茎高1.5～2m。叶片狭线形，长25～50cm，宽3～5cm。穗状花序顶生；花红色。花期6～8月份；果期10月份。

基本习性：喜温暖湿润气候，不耐寒，喜半阴。

园林应用：观花。用于路边、林缘和花境等处，丛植或片植均可。

适用地区：我国亚热带以南地区可露地越冬，北方地区盆栽。

（337）山姜

学名：*Alpinia japonica*。姜科山姜属。

简要形态特征：多年生草本，株高35～70cm；叶片通常2～5片，长25～40cm，宽4～7cm。总状花序顶生，长15～30cm，花序轴密生绒毛；花白色而具红色脉纹。花期4～8月份。

基本习性：喜温暖湿润气候，喜阴湿，喜深厚肥沃、疏松透气土壤。

园林应用：观花。陆地种植也可盆栽观赏；可群栽，也可配置于树荫下、路旁、开花地被间、山石周围等。丛植和片植最佳。

适用地区：我国亚热带以南地区可露地应用，北方需室内越冬。

（338）姜荷花

学名：*Curcuma alismatifolia*。姜科姜黄属。

简要形态特征：多年生常绿草本，高30～50cm；叶片为长椭圆形，中肋紫红色。穗状花序，花梗上端有7～9片半圆状绿色苞片，上面为9～12片色彩鲜明的阔卵形粉红色苞片。小花为唇状花冠；其中一枚内花瓣为紫色唇瓣，中央漏斗状的部位为黄色。花期秋季。

基本习性：喜温暖湿润气候，生长季节气温应高于20℃，喜半阴，喜肥。

园林应用：观花。多用于花境、花坛和盆栽应用。丛植和片植为主。

适用地区：我国热带地区可露地栽培，华东地区多夏季栽培观赏，冬季温室越冬。

（339）姜花

学名：*Hedychium coronarium*。姜科姜花属。

简要形态特征：多年生草本，茎高1～2m。叶片长圆状披针形或披针形，长20～40cm。穗状花序顶生，椭圆形，长10～20cm；花芬芳，白色。花期8～12月份。

基本习性：喜高温、高湿及稍阴的环境，在微酸性的肥沃沙质壤土中生长良好。不耐寒。

园林应用：观花。可用于林下和林缘，亦可应用于花境，也可配植于小庭院内，十分幽雅耐看。

适用地区：我国中亚热带以南地区露地栽培，长江流域冬季休眠，北方地区需室内越冬。

（340）瓷玫瑰（火炬姜）

学名：*Etlingera elatior*。姜科茴香砂仁属。

简要形态特征：多年生草本植物。茎枝成丛生长，在原产地热带非洲地区株高可达10m以上，在我国栽培一般仅2～5m。叶互生，叶长30～60cm。花为基生的头状花序，圆锥形球果状，似熊熊燃烧的火炬。盛花期为5～11月份。

基本习性：喜高温高湿，喜光，耐半日照，栽培土壤以疏松、透水、富含腐殖质的沙质壤土最好。

园林应用：观花。多用于疏林下、半阴的路边、墙边等处，宜丛植或群植。

适用地区：我国热带地区室外栽培，北方地区宜盆栽。

68.睡莲科

（341）王莲

学名：*Victoria warren*。睡莲科王莲属。

简要形态特征：水生有花植物中叶片最大的植物，其初生叶呈针状，到11片叶后叶缘上翘呈盘状，像圆盘浮在水面，直径可达2m以上。花大，单生，直径25～40cm，白色至粉红色。花期8～9月份。

基本习性：喜光，喜温暖湿润气候，耐热，不耐寒。

园林应用：观叶、观花。城市水体景观中比较独特的植物材料，在静水水面上群植，可形成气势如虹的水生植物景观。

适用地区：全国城市园林均可栽培，作一年生水生花卉栽培应用。

（342）睡莲

学名：_Nymphaea tetragona_。睡莲科睡莲属。

简要形态特征：多年生水生草本；根状茎肥厚。叶椭圆形，浮生于水面，全缘，叶基心形，叶表面浓绿，背面暗紫。叶二型。花单生，花大美丽，花色白或粉红。6～8月份为盛花期。

基本习性：水生，喜光，耐寒，喜通风良好环境。

园林应用：观叶、观花。叶片圆形，花大而鲜艳美丽，浮于水面，是最重要的浅水区水生观赏植物。

适用地区：全国城市园林均可种植，严寒地区需冬季保护越冬。

（343）莲

学名：*Nelumbo nucifera*。莲科莲属。

简要形态特征：多年生挺水草本；根状茎横生，肥厚，节间膨大。叶圆形，盾状。花单生于花梗顶端，芳香；花色有白、粉、深红、淡紫色、黄色或间色；花期6～9月份。

基本习性：喜光，喜相对稳定的平静浅水、河湖沼泽地和池塘等处；耐寒。

园林应用：观叶、观花。"接天莲叶无穷碧，映日荷花别样红"道出了莲的观赏特性和应用范例。古代更以"出淤泥而不染"形容其高贵品质；叶大如碧盘，花姿清雅，在水边、池塘中、溪流两侧均可以营造水景。碗莲品种可盆栽于大的瓷碗中置案头观赏。

适用地区：全国各地城市园林均有适合的栽培品种应用。

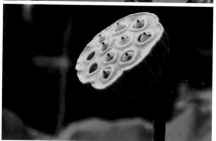

70.竹芋科

（344）柊叶

学名：*Phrynium capitatum*。竹芋科柊叶属。

简要形态特征：多年生草本，株高1m。叶基生，长圆形或长圆状披针形，长25～50cm。头状花序直径5cm；苞片紫红色；花冠管较萼为短，紫堇色。花期5～7月份。

基本习性：喜温暖湿润环境，不耐寒，喜肥沃土壤。

园林应用：观叶。多栽培于水边湿润处，片植和丛植均可。

适用地区：我国热带地区可露地栽培，其余地区需温室越冬。

（345）垂花水竹芋

学名：*Thalia geniculata*。竹芋科水竹芋属。

简要形态特征：多年生挺水植物，株高1～2m，地下具根茎。叶鞘为红褐色，叶片长卵圆形。花茎可达3m，直立，穗状花序细长，弯垂，花不断开放，花梗呈"之"字形。花期通常在6～11月份。

基本习性：喜温暖湿润和光线明亮的环境，不耐寒，也不耐旱，土壤保持湿润。喜疏松肥沃、排水透气性良好并含有丰富腐殖质的微酸性土壤。

园林应用：观花、观姿。可种植在庭院、公园的林荫下及水边或路旁。种植方法可采用片植、丛植或与其他植物搭配布置。

适用地区：我国华南等热带环境条件下可露地应用。

（346）水竹芋

学名：*Thalia dealbata Fraser*。竹芋科水竹芋属。

简要形态特征：多年生高大挺水草本植物，高1.5～2.5m。叶卵状披针形，浅灰蓝色。复总状花序，紫堇色。全株附有白粉。花期6～8月份，果期9～10月份。

基本习性：喜温，喜光，喜水湿。不耐寒冷和干旱，耐半阴。喜肥沃土壤。

园林应用：观姿态。本种植株丛生，株型美观，花序大型弯垂，随风拂动，野趣横生。成片种植于水池、溪流或湿地，亦可种植于庭院水体景观中。

适用地区：我国长江流域以南应用较多，北方可室内越冬。

（347）巴西竹芋

学名：*Calathea majestica*。竹芋科肖竹芋属。

简要形态特征：多年生草本；株高20～40cm。叶宽矩圆形，脉间有两列对称呈羽状排列的斑纹。花排成总状花序，花白色。花期5～6月份。

基本习性：喜温暖、湿润和半荫蔽的环境。由于该植物耐阴，十分适合家庭室内装饰美化。

园林应用：观叶。应用于潮湿的林下或路边。亦可盆栽观赏。

适用地区：我国华南等热带地区可露地栽培，其余地区多温室越冬。

（348）清秀竹芋

学名：*Calathea louisae*。竹芋科肖竹芋属。

简要形态特征：多年生草本，具根茎，高20～30cm。叶卵圆形或长卵圆形，单生。叶脉羽状。花序头状或球果状。花色绿白色。

基本习性：喜温暖湿润气候，喜阴，不耐寒，喜深厚肥沃土壤。

园林应用：观叶。用于林下、路边阴湿处，亦可用于花境和花坛。片植为主。可盆栽。

适用地区：我国热带地区室外应用，其余地区冬季需温室越冬。

71.菖蒲科

（349）银边菖蒲

学名：*Acorus calamus* 'Argenteostriatus'。菖蒲科菖蒲属。

简要形态特征：常绿多年生草本，根茎横走，外皮黄褐色，叶茎生，剑状线形，叶宽0.5cm，长25～40cm，叶片纵向近一半宽为金黄色，肉穗花序斜向上或近直立，花黄色。浆果长圆形，红色。花期3～6月份。

基本习性：喜湿润，耐寒，不择土壤，适应性较强，忌干旱。喜光又耐阴。

园林用途：观叶。银边菖蒲叶色斑驳，端庄秀丽，具有香气，是常用的水生植物，适宜水景岸边及水体绿化，也可盆栽观赏或作背景用。

适应地区：全国大部分城市园林均可栽培应用。

（350）竹叶兰

学名：*Arundina graminifolia*。兰科竹叶兰属。

简要形态特征：常绿草本植物。植株高40～80cm。茎直立，常数个丛生或成片生长。叶线状披针形。总状花序通常长2～8cm；花粉红色或略带紫色或白色。花果期为9～11月份或1～4月份。

基本习性：喜阴，忌阳光直射，喜湿润，忌干燥，不耐寒。喜透气腐殖质土或泥炭土。

园林应用：观花。用于林下、石头旁和路边阴湿处，丛植为主。

适用地区：我国热带地区可露地应用。其余地区冬季需温室越冬。

拉丁文索引

中文索引